JN302248

# 基 礎 化 学

— 原子・分子の構造と化学結合 —

工学博士　大井　隆夫
工学博士　板谷　清司　共著
博士(工学)　竹岡　裕子

コロナ社

# まえがき

　自然科学の基礎となる学問分野は物理学と化学に大別できるが，化学は物質を原子や分子あるいはイオンの集合体として扱う学問といえる．物質を扱うという性質上，化学と社会とのつながりは密接である．近年の物質文明の発展は，化学なくして不可能なものであったが，現時点においても化学の進歩はめざましく，化学的知識の蓄積は膨大で，今後も加速度的に増えていくことが予想される．このような時代に生きる現代人が，物質に関心をもち，物質についての基礎的な知識を身に付けておくことは，関わる分野が何処であれ，必要なことだと考えられる．

　このような現代社会において，大学に入学してくる理工系の初年度の学生に，化学の基礎としてどのような内容を教えるかは難しい問題である．今までにも初年度学生向けの教科書や参考書が数多く出版されている．"基礎化学"というと，内容が非常に多岐にわたり，したがって各項目は表面的な取扱いにならざるを得ない場合が多いが，著者らは，本書において，以下の内容を化学の基礎事項と位置づけた．

1. 化学が対象とする物質の出発点である原子の理解．
2. 原子（元素）のもつ一般的性質とその周期性の理解．
3. 原子どうしの結び付き（化学結合）の基礎的事項に関する理解．
4. 化学結合の結果できる分子や結晶の構造の基礎的事項に関する理解．
5. 原子，分子あるいはイオンの集合体としての物質（特に気体）の性質の基礎的事項に関する理解．

"基礎的事項"の範囲と内容に大いに議論のあるところではあるが，初年度学生が対象なので範囲はできるだけ絞り，内容に関してはレベルをあまり下げないよう心がけた．

また，理工系の学生と一口でいっても，そのスペクトルはかなり広い。本書では
 1. 将来，化学の専門分野に進みたい学生
 2. 化学を専門とはしないがそれなりの化学の知識を身に付けたい学生
を対象とした。

 本書では，著者3名全員で，わかりやすさ，記述や図表の正確さ，用語や記号の統一など，全体にわたって検討した。しかし，不十分な点がまだまだあると思われるので，お気づきの点をご指摘いただければ幸いである。

 本書の出版にあたり，コロナ社に心より感謝申し上げる。

2014年1月

著 者 一 同

# 目　　　次

## 1. 基　礎　事　項

1.1　原子と元素 ················································································ *1*
　1.1.1　原子の概念 ··········································································· *1*
　1.1.2　原子と元素 ··········································································· *2*
1.2　原子の構成 ················································································ *3*
1.3　元素の起源と存在量 ···································································· *4*
1.4　単　　　位 ················································································ *6*
　1.4.1　SI 単位 ················································································ *6*
　1.4.2　濃度を表す単位 ····································································· *10*
1.5　基礎物理定数 ············································································· *11*
1.6　数値の取扱い ············································································· *12*
　1.6.1　有効数字 ············································································· *12*
　1.6.2　誤　　　差 ··········································································· *14*
　1.6.3　真度と精度 ··········································································· *15*
　1.6.4　偶然誤差と正規分布 ································································ *16*
　1.6.5　平均値と標準偏差 ·································································· *16*
　1.6.6　信頼限界 ············································································· *17*
演習問題 ·························································································· *18*

## 2. 原子の構造

2.1　量子力学以前 ············································································· *19*
2.2　原子構造 ─ 水素原子 ─ ······························································· *21*

2.3 原子構造 ― 多電子原子 ― ……………………………………………………29
　2.3.1 電子スピン ……………………………………………………………29
　2.3.2 電子配置 ………………………………………………………………30
演習問題 ……………………………………………………………………………34

# 3. 原子の一般的性質

3.1 原子の電子配置と周期表 ……………………………………………………36
3.2 原子半径とイオン半径 ………………………………………………………40
3.3 元素の性質の周期性（イオン化エネルギー，電子親和力，電気陰性度）
　…………………………………………………………………………………43
　3.3.1 イオン化エネルギー …………………………………………………44
　3.3.2 電子親和力 ……………………………………………………………46
　3.3.3 電気陰性度 ……………………………………………………………48
演習問題 ……………………………………………………………………………51

# 4. 化学結合

4.1 イオン結合 ……………………………………………………………………53
　4.1.1 イオン結合の形成 ……………………………………………………53
　4.1.2 イオン結晶の種類と特徴 ……………………………………………55
　4.1.3 限界半径比 ……………………………………………………………57
　4.1.4 イオン結晶の結合エネルギー ………………………………………59
4.2 共有結合 ………………………………………………………………………63
　4.2.1 共有結合の概念 ………………………………………………………63
　4.2.2 原子価結合理論 ………………………………………………………66
　4.2.3 分子軌道理論 …………………………………………………………67
　4.2.4 等核二原子分子の分子軌道 …………………………………………73
　4.2.5 異核二原子分子の分子軌道 …………………………………………77
4.3 金属結合 ………………………………………………………………………79

4.3.1　金属の結晶構造······················································80
　　　4.3.2　バンド理論··························································82
　　　4.3.3　半　導　体··························································84
4.4　配　位　結　合······························································86
　　　4.4.1　配　位　結　合····················································86
　　　4.4.2　錯　　　　体······················································87
　演　習　問　題··································································90

## 5．分子間相互作用

5.1　イオン-双極子相互作用·····················································93
5.2　双極子-双極子相互作用·····················································94
5.3　イオン-誘起双極子相互作用···············································95
5.4　双極子-誘起双極子相互作用···············································96
5.5　瞬間的双極子-誘起双極子相互作用······································97
5.6　ファン・デル・ワールス相互作用········································98
5.7　反　発　力····································································99
5.8　水　素　結　合······························································99
5.9　電荷移動相互作用··························································102
演　習　問　題··································································102

## 6．分子の構造

6.1　共有結合性の分子（混成）···············································104
6.2　原子価殻電子対反発モデル···············································109
演　習　問　題··································································115

## 7. 物質の状態 ― 気体状態 ―

7.1 物質の状態 …………………………………………………… *116*
7.2 理想気体 ……………………………………………………… *119*
7.3 理想気体の分子運動論 ……………………………………… *120*
7.4 マクスウェル分布 …………………………………………… *123*
7.5 実在気体 ― ファン・デル・ワールスの状態方程式 ― …… *126*
演 習 問 題 …………………………………………………………… *133*

付録 A 量子力学に関わる諸法則 ………………………………… *134*
 A.1 プランクの量子説：光の非連続性 ………………………… *134*
 A.2 アインシュタインの光量子説：光の粒子性 ……………… *135*
 A.3 ド・ブロイ波：物質の波動性 ……………………………… *135*
 A.4 ハイゼンベルグの不確定性原理 …………………………… *136*
 A.5 シュレディンガーの波動方程式（シュレディンガー方程式）… *136*
  A.5.1 箱の中の粒子（1次元）………………………………… *138*
  A.5.2 調和振動子（1次元）…………………………………… *139*
付録 B ボーアの原子模型 ………………………………………… *142*
付録 C $I = \int_0^\infty x^n e^{-ax^2} dx$ の値 ………………………………… *145*

参 考 文 献 …………………………………………………………… *147*
元素の周期表 ………………………………………………………… *148*
演習問題解答 ………………………………………………………… *150*
索　　　引 …………………………………………………………… *153*

# 1章 基礎事項

本章には，2章以下の内容を理解するために必要と思われる化学の基礎的事項が記載されている。大学の理工系学科の化学の基礎では，多くの場合，原子の構造など物理学に近い分野やエネルギーなどの定量的取扱いも重要となる。そのために，「物理量」と呼ばれるさまざまな量について知り，それらについて計算できることが必要である。

## 1.1 原子と元素

### 1.1.1 原子の概念

万物の根源が原子であるという考え方は，古代ギリシャ時代からすでにデモクリトス（Democritus）らの学者達によって，さまざまな自然現象を説明しようという試みに用いられていた。**原子説**が提唱されたのは，1803年ドルトン（Dalton）によってであるが，それまでの18世紀後半から19世紀の初めにかけて，原子の概念を証明すべく間接的な証拠が実験的に集められていた。その重要な貢献は，つぎの三つの法則の発見であった。

(1) 「**質量不変の法則**」：ラボアジェ（Lavoisier），1774年，『反応の前後で物質の質量が変わらない。』
(2) 「**定比例の法則**」：プルースト（Proust），1799年，『同一化合物に含まれている成分元素の質量の比は，製法のいかんにかかわらず常に一定である。』
(3) 「**倍数比例の法則**」：ドルトン，1803年，『2種の元素からなる化合物が

何種類かあるとき，一方の元素の一定量と化合している他方の元素の量は簡単な整数比をなす。』

原子の存在の直接的な証拠が得られるようになったのは，20世紀に入ってからである。

### 1.1.2 原子と元素

物質を構成する単位として**原子**（atom）と**元素**（element）があり，しばしば混同され，混乱して理解され，使われている。原子とは「それ以上に分割することのできない粒子」で，物質を構成する最小単位である。元素は複雑な物質を分離していったとき，化学的に2種類以上の物質に分解できない物質の基本単位であり，その大きさや数をかぞえることのできない物質の概念である。例えば，酸素（oxygen）という単語からでは，それが原子を示しているのか，元素を示しているのかはわからない。酸素という元素はある一定の質量と大きさ，構造をもった酸素原子から成り立っている物質であり，ある特定の化学的性質を示すものである。また，原子という単位で見ると，酸素原子何個分というように酸素という元素の量を測ることができる。

2種類以上の元素が結び付いてできた物質を**化合物**（compound）と呼び，1種類の元素だけからなる物質を**単体**（simple substance）と呼ぶ。化合物と単体を合わせて**純物質**（pure substance）という。物質には純物質の他にいくつかの純物質が混ざっている**混合物**（mixture）があり，さらにその混ざり具合で，均一混合物と不均一混合物に分類される（**図 1.1**）。

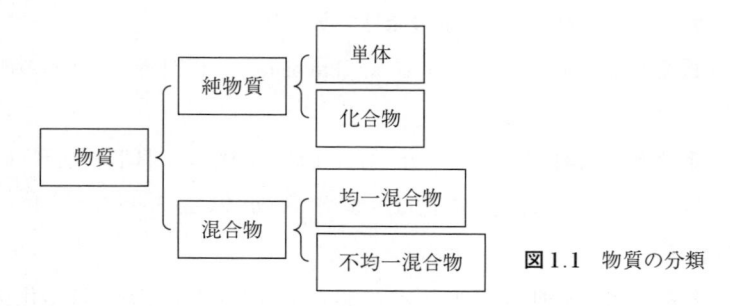

```
                    ┌── 単体
            ┌ 純物質 ┤
            │       └── 化合物
      物質 ─┤
            │       ┌── 均一混合物
            └ 混合物 ┤
                    └── 不均一混合物
```

**図 1.1** 物質の分類

## 1.2 原子の構成

　現在まで，118種類の元素が知られている。すべての元素には固有の名前があるが，それ以外に，アルファベット1文字または2文字で，元素を表す記号，すなわち**元素記号**（symbol of element）が決められている。すべての元素の原子は正に帯電した原子の中心にある**原子核**（atomic nucleus）と，それを取り巻く負の電荷を帯びた**電子**（electron, $e^-$）から成る。原子核は**陽子**（proton, p）と**中性子**（neutron, n）の2種類の粒子からなり，電子は原子核のまわりを運動している。すなわち，すべての原子は3種類の構成要素，陽子，中性子および電子，から構成されていることになる。これら粒子の質量と電荷を**表 1.1** に示す。陽子と中性子の質量はほぼ等しく（中性子のほうがわずかに重い），どちらも電子の質量の約1 840倍である。名前が示すように，陽子は正の電荷をもち，中性子は電気的に中性である。陽子1個がもつ**電気素量**（elementary electric charge）と呼ばれる正電荷の量と電子1個がもつ負電荷の量は，ちょうど等しい。したがって，原子核の陽子と原子核外に同数の電子をもつ原子は，電気的に中性となる。原子の半径は $10^{-10}$ m 程度と小さいが，原子核はさらに小さく，半径 $10^{-15}$ m 程度である。しかし，原子の質量の大部分は原子核の質量である。

　**原子番号**（atomic number, $Z$）は，元々は周期表の上での元素の場所（位置）を示すための背番号であったが，現在では原子核中の陽子の数として定義

**表1.1** 原子を構成する粒子

| 粒子 | 記号 | 質量 [kg] | 質量 [u] [*1] | 電荷 [C] | 電荷 [*2] |
|---|---|---|---|---|---|
| 陽子 | p | $1.672\,621\,777 \times 10^{-27}$ | 1.007 276 47 | $1.602\,176\,565 \times 10^{-19}$ | $e$ |
| 中性子 | n | $1.674\,927\,351 \times 10^{-27}$ | 1.008 664 92 | 0 | 0 |
| 電子 | $e^-$ | $9.109\,382\,91 \times 10^{-31}$ | 0.000 548 58 | $-1.602\,176\,565 \times 10^{-19}$ | $-e$ |

[*1] 原子質量単位〔u または amu〕：炭素12の質量を12としたときの相対質量　1 u = $1.660\,54 \times 10^{-27}$ kg
[*2] $e$：電気素量　$e = 1.602\,176\,565 \times 10^{-19}$ C

され，元素記号と1対1に対応している。原子番号は，電気素量を単位としたときの原子核がもつ正電荷に等しい。また，原子核中の陽子数と中性子数の和を**質量数**（mass number, $A$）と呼ぶ。原子番号および質量数により一義的に決められる原子核または原子の種類を**核種**（nuclide）という。必要に応じて原子番号は元素記号の左下，質量数は左上に，$^{12}_{6}C$, $^{16}_{8}O$ のように記載する。原子番号が等しく，質量数，すなわち中性子数が異なる核種を**同位体**（isotope）という。例えば $^{1}_{1}H$, $^{2}_{1}H$（重水素，Dとも表記），$^{3}_{1}H$（三重水素，Tとも表記）はいずれも水素の同位体である。

元素の特性は，その原子の原子核に入っている陽子の数，すなわち，原子核まわりの電子の数で決まる。

## 1.3 元素の起源と存在量

宇宙の始まりについて現在最も広く受け入れられている科学的モデルは，**ビッグバン理論**である。それによると，宇宙の始まりは，およそ137億年前，ほとんど無限大の密度と温度をもち，ほとんど無限大の質量という始状態からの急激な膨張である。当初非常に小さかった宇宙は，生まれるとすぐに急激な膨張を始めたと考えられている。このような膨張が始まって温度が下がると陽子や中性子といった素粒子が形成され，それらが結合して水素（H）やヘリウム（He）の原子核が形成された。宇宙はさらに膨張しながら温度を下げ，およそビッグバンから30万年後に温度が4 000 Kぐらいまで下がると，それまで自由に動き回っていた電子がHやHeの原子核に引き付けられ，原子が構成された。ビッグバン後の宇宙の膨張過程では，温度が急激に低下して物質の密度が低くなったため，Heより重い核種はほとんど形成されなかったと考えられている。そのため，宇宙を構成する元素は，今日でもほとんどがHとHeである。その後宇宙が膨張する一方で，重力により原子どうしが引き合って，局所的に周囲より高密度で高温の領域が生じた。高密度領域の中では，原子どうしの衝突がより頻繁になって運動エネルギーが増大し，そして，重力による原

子どうしの引き付け合いがいっそう密になり,ついには原子核と原子核が融合して新しい原子核を生成する反応,**核融合反応**(nuclear fusion reaction),が開始される状況に達した。このようにして,最初の星(恒星)が130億年以上前に誕生した。宇宙空間で生まれた星は,進化の過程でHやHeの核融合反応によってそれより重い元素を合成した。あるものはその進化の最終段階で**超新星**(supernova)**爆発**と呼ばれる大爆発を起こし,その質量の大部分を宇宙空間に放出した。星から放出された物質はもとから星間にあった物質と混ざり合い,やがてそこから新しい星が生まれた。現在も続いているこのような過程が繰り返し起こり,その最終的な結果として,現在の宇宙におけるすべての元素($Z=92$まで)の存在に至っている。恒星と超新星は,水素より重いすべての元素を宇宙につくり出し,いまも製造を続けている。

多数の観測結果や宇宙のモデルを使って求められた宇宙における元素の相対的存在量を**図1.2**に示す。横軸に原子番号,縦軸にケイ素(Si)の存在度を

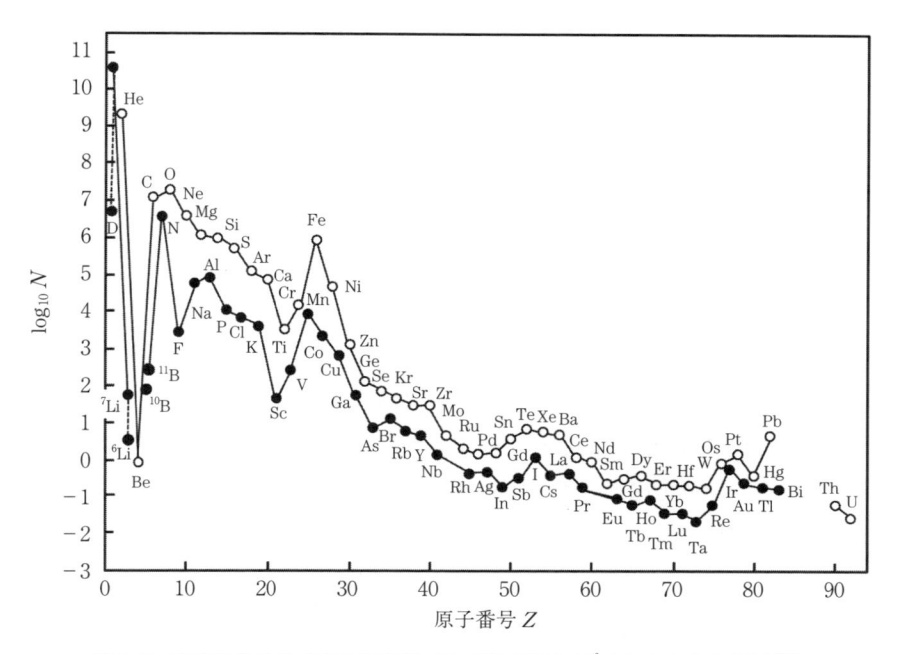

**図1.2** 宇宙における元素の存在度(Siの存在度を$10^6$としたときの相対値)

$10^6$ とした場合の各元素の存在度の対数をとってある。●は奇数原子番号の元素，○は偶数原子番号の元素である。図に見られる特徴はつぎのようにまとめられよう。

(1) H と He は他の元素に比べて著しく存在度が高く，H 88.6%, He 11.3%。この 2 元素で 99.9% 以上を占める。
(2) 最初の 42 元素の存在度は，原子番号の増加とともにほぼ指数関数的に減少し，その後の元素の存在度は低く，変動は小さい。
(3) 偶数の原子番号をもつ元素の存在度は，その両隣の奇数の原子番号をもつ元素の存在度より高い（**オド・ハーキンス則**，Odd-Harkins rule）。
(4) 原子番号 23〜28（V, Cr, Mn, Fe, Co, Ni）で存在度にピークがあり，Fe で極大となる。
(5) D($^2$H), Li, Be, B は原子番号の小さい他元素に比べて存在量が著しく少ない。
(6) 軽い元素（Sc 辺りまで）においては，質量数が 4 で割れる核種（$^{12}$C, $^{16}$O, $^{20}$Ne, $^{24}$Mg, $^{28}$Si, $^{32}$S, $^{36}$Ar, $^{40}$Ca）の存在確率が高い。

なお，地殻における元素は存在度の多い順に，O, Si, Al, Fe となっている。

## 1.4 単　　　　位

### 1.4.1 SI 単　位

化学の世界では，化学反応，電気，磁気，光などに関する種々の物理量を扱う。取り扱う対象によって，単位が異なる場合が多い。種々の物理量を簡便に比較するためには，統一的な単位の定義と使用が必要である。1960 年に国際度量衡総会で単位の国際基準（**国際単位系**，international system of units, **SI 単位系**）が採択され，各国でこの単位系を使用することが推奨されるようになった。

SI 単位系は，**基本単位**（fundamental unit），**組立単位**（derived unit, **誘導単位**ともいう），接頭語から構成される。SI 基本単位とは，長さ，質量，時間，

電流,熱力学温度,物質量,光度の七つの基本物理量に対応する単位である。表1.2に,この七つの基本物理量,物理量を表す名称,単位の名称,単位の記号を示す。物理量に対応する記号も慣例として決まっており,例えば,長さなら$L$,時間なら$t$または$T$であり,一般に斜体(イタリック体)で表記する。

**表1.2** SI基本単位の名称と記号

| 基本物理量 | 記号 | 単位の名称 | | 単位の記号 |
|---|---|---|---|---|
| 長さ | $L$ | meter | メートル | m |
| 質量 | $M$ | kilogram | キログラム | kg |
| 時間 | $t, T$ | second | 秒 | s |
| 電流 | $I$ | ampere | アンペア | A |
| 熱力学温度 | $T, \theta$ | kelvin | ケルビン | K |
| 物質量 | $N$ | mole | モル | mol |
| 光度 | $I_V$ | candela | カンデラ | cd |

[**SI基本単位の定義**]

*1.* 長さ:メートル〔m〕

光が真空中を1/299 792 458秒間に進む距離を1メートルとする。

*2.* 質量:キログラム〔kg〕

パリの国際度量衡局に保管されている国際キログラム原器(Pt 90%,Ir 10%の合金)の質量を1キログラムとする。

*3.* 時間:秒〔s〕

$^{133}$Cs原子の最低励起状態から基底状態へ電子が移るときに放出される電磁波が9 192 631 770周期継続する時間を1秒(second)とする。

*4.* 電流:アンペア〔A〕

真空中に1m間隔で平行に張られた断面が円形の無限に細い2本の直線状導線に同じ大きさの電流を流すとき,導線1m当りに$2 \times 10^{-7}$N(ニュートン;組立単位)の力を生ずるときの一定電流の大きさを1アンペアとする。

*5.* 温度:ケルビン〔K〕

水の三重点を表す熱力学的温度の1/273.16を1ケルビンとする。0Kは**絶対零度**(absolute zero)といい,$-273.15$℃に相当する。

6. 物質量：モル〔mol〕

$^{12}C$ 原子 0.012 kg 中に含まれる炭素原子と同数の単位粒子を含む系の物質の量を 1 モルとする。

7. 光度：カンデラ〔cd〕

周波数 $5.40 \times 10^{14}$ Hz の単色光を放出し，その放出強度が光源を中心とする半径 1 m の球面上で 1 m$^2$ 当り 1/683 W である光源の光度を 1 カンデラとする。

基本単位以外の物理量は，基本物理量の演算によって表現され，基本単位を組み合わせて記述されるので，組立単位（誘導単位）と呼ばれる。組立単位の中にも，固有の名称と単位をもつものが 22 個あり，その一部を**表 1.3** に掲載した。

表 1.3 固有の名称をもつ SI 組立単位の名称と記号

| 組立て量 | 単位の名称 | 記号 | SI 基本単位または SI 組立単位による表記 |
|---|---|---|---|
| 平面角 | ラジアン | rad | 1 rad = 1 m/m = 1 |
| 立体角 | ステラジアン | sr | 1 sr = 1 m$^2$/m$^2$ = 1 |
| 周波数 | ヘルツ | Hz | 1 Hz = 1 s$^{-1}$ |
| 力 | ニュートン | N | 1 N = 1 kg・m/s$^2$ |
| 圧力, 応力 | パスカル | Pa | 1 Pa = 1 N/m$^2$ |
| エネルギー, 仕事, 熱量 | ジュール | J | 1 J = 1 kg・m$^2$/s$^2$ |
| 仕事率, 電力, 放射束 | ワット | W | 1 W = 1 J/s |
| 電荷, 電気量, 電束 | クーロン | C | 1 C = 1 A・s |
| 電位, 電位差, 電圧, 起電力 | ボルト | V | 1 V = 1 J/C |
| 静電容量 | ファラド | F | 1 F = 1 C/V |
| 電気抵抗, インピーダンス | オーム | Ω | 1 Ω = 1 V/A |
| コンダクタンス, アドミッタンス | ジーメンス | S | 1 S = 1 Ω$^{-1}$ |
| 磁束 | ウェーバ | Wb | 1 Wb = 1 V・s |
| 磁束密度, 磁気分極 | テスラ | T | 1 T = 1 Wb/m$^2$ |
| インダクタンス | ヘンリー | H | 1 H = 1 Wb/A |
| セルシウス温度 | セルシウス度 | ℃ | $t$〔℃〕= $T$〔K〕− 273.15 |
| 光束 | ルーメン | lm | 1 lm = 1 cd・sr |
| 照度 | ルクス | lx | 1 lx = 1 lm/m$^2$ |

また，物理量が基本単位よりも大きすぎたり，小さすぎたりする場合には，10 の整数乗倍を表す **SI 接頭語**（**表 1.4**）を使用する。この接頭語を使用するときには以下の注意が必要である。

## 1.4 単位

**表 1.4** SI 接頭語

| 倍数 | 接頭語 | | 記号 | 倍数 | 接頭語 | | 記号 |
|---|---|---|---|---|---|---|---|
| $10^{24}$ | yotta | ヨタ | Y | $10^{-1}$ | deci | デシ | d |
| $10^{21}$ | zetta | ゼタ | Z | $10^{-2}$ | centi | センチ | c |
| $10^{18}$ | exa | エクサ | E | $10^{-3}$ | milli | ミリ | m |
| $10^{15}$ | peta | ペタ | P | $10^{-6}$ | micro | マイクロ | μ |
| $10^{12}$ | tera | テラ | T | $10^{-9}$ | nano | ナノ | n |
| $10^{9}$ | giga | ギガ | G | $10^{-12}$ | pico | ピコ | p |
| $10^{6}$ | mega | メガ | M | $10^{-15}$ | femto | フェムト | f |
| $10^{3}$ | kilo | キロ | k | $10^{-18}$ | atto | アト | a |
| $10^{2}$ | hecto | ヘクト | h | $10^{-21}$ | zepto | ゼプト | z |
| $10^{1}$ | deca | デカ | da | $10^{-24}$ | yocto | ヨクト | y |

① 数値が 0.1～1 000 に収まるように接頭語を選ぶ．例えば 0.002 5 m ではなく，2.5 mm と表す．

② 接頭語は二つ重ねない．例えば，5 kMg ではなく，5 Gg と表す．

③ 単位の割り算の形で表す場合には，分母，分子の両方に接頭語が付かないように，最初に一つにまとめる．例えば 5 μm/ms ではなく，5 mm/s と表す．

実際の場面では，上記の SI 単位の他にも，実用上の重要性から使用が認められている単位（**非 SI 単位**, non-SI unit）がある（**表 1.5**）．体積を表す L（リットル）などは代表的な非 SI 単位である．

**表 1.5** 非 SI 単位

| 物理量 | 単位の名称 | 記号 |
|---|---|---|
| 長さ | オングストローム | 1 Å = $10^{-10}$ m |
| 体積 | リットル | 1 L = $10^{-3}$ m$^3$ = 1 dm$^3$ |
| 質量 | トン | 1 t = $10^3$ kg |
| 時間 | 分 | 1 min = 60 s |
| 力 | キログラム重 | 1 kgw = 9.81 N |
| 圧力 | 気圧 | 1 atm = 1.013×$10^5$ Pa |
| | | 1 bar = $10^5$ Pa |
| エネルギー | 熱化学カロリー | 1 cal = 4.184 J |
| | 電子ボルト | 1 eV = 1.602 18×$10^{-19}$ J = 96.485 kJ/mol |

## 1.4.2 濃度を表す単位

液体に固体，気体あるいは別の液体が溶けて均一になっている液体状態の混合物を**溶液**（solution）という。他の物質を溶かす物質を**溶媒**（solvent），その溶媒に溶けている物質を**溶質**（solute）という。溶液の組成，つまり，溶液の中の溶質の割合を**濃度**（concentration）といい，一定の溶液中に含まれる溶質の量で示される。化学では，溶液を扱うことが多いので，代表的な濃度表示を以下にまとめる。

**(1) モル濃度**

**(a) (容量) モル濃度**（molar concentration, molarity）〔$mol/dm^3$, mol/L〕
溶液 1 $dm^3$（L）に含まれる溶質の量を物質量〔mol〕で表したもの。単にモル濃度というと一般にはこの容量モル濃度を意味する。

$$\text{モル濃度} \ [mol/dm^3] = \frac{\text{溶質の物質量} \ [mol]}{\text{溶液の体積} \ [dm^3]}$$

**(b) 質量モル濃度**（molality）〔mol/kg〕　溶媒 1 kg に溶けている溶質の量を物質量〔mol〕で表したもの。

$$\text{質量モル濃度} \ [mol/kg] = \frac{\text{溶質の物質量} \ [mol]}{\text{溶媒の質量} \ [kg]}$$

**(c) モル分率**（mole fraction）　溶液が成分 A の $a$ モルと成分 B の $b$ モルから成る 2 成分系とすると，成分 A, B のモル分率 $x_A, x_B$ はそれぞれ

$$x_A = \frac{a}{a+b}, \quad x_B = \frac{b}{a+b}$$

で与えられる。$x_A + x_B = 1$ である。

**(d) モル百分率**〔mol%〕　モル分率を百分率で表したもの。

**(2) パーセント濃度〔百分率濃度〕**

**(a) 質量パーセント濃度**〔w/w%, wt%, mass%〕　溶液 100 g に溶けている溶質の質量〔g〕であり，パーセント濃度としては最も一般的に用いられる。

$$\text{質量パーセント濃度} \ [w/w\%] = \frac{\text{溶質の質量} \ [g]}{\text{溶液の質量} \ [g]} \times 100$$

(b) **体積パーセント濃度**〔v/v%, vol%〕 溶液 100 mL（cm$^3$）に含まれる溶質の体積〔mL〕であり，溶媒，溶質共に液体の場合に用いるのに便利である。溶液の体積が溶媒と溶質の混合前後で異なる場合には精度が高くないこともある。

$$体積パーセント濃度〔v/v\%〕 = \frac{溶質の体積〔mL〕}{溶媒の体積〔mL〕 + 溶質の体積〔mL〕} \times 100$$

(c) **質量/体積パーセント濃度**〔w/v%〕 溶液 100 mL に含まれる溶質の質量である。

$$質量/体積パーセント濃度〔w/v\%〕 = \frac{溶質の質量〔g〕}{溶液の体積〔mL〕} \times 100$$

(3) **百万分率濃度**〔ppm〕 溶液 1 kg に溶質が 1 mg 溶けているときを 1 ppm（parts per million から）で表す。微量成分の濃度表示によく用いられる。溶媒が水の場合，希薄溶液の 1 kg は通常 1 L（dm$^3$）に等しいとみなせるので，1 ppm を水溶液 1 L に溶質が 1 mg 溶けているときの濃度として用いることが多い。1 ppm の 1/1 000 の濃度を 1 ppb，さらにその 1/1 000 の濃度を 1 ppt で表すことがある。

## 1.5 基礎物理定数

上述の基本単位の間には一般的な物理法則が成り立ち，物理定数を通して相互に関係している。このように，原子，分子のエネルギーや自然現象を記述するための基本的な方程式に不可欠な定数のことを，**基礎物理定数**（fundamental physical constant）という。電気素量 $e$，プランク定数 $h$，ファラデー定数 $F$ などが例として挙げられる。代表的な基礎物理定数を**表 1.6** に示す。基礎物理定数に関する情報は，種々の実験データから得られる。得られたさまざまな結果と理論を比較検討することにより，基礎定数の調整作業を行い，最新の基礎物理定数が定められる。この表は，科学技術データ委員会（Committee on

## 1. 基礎事項

**表 1.6** 基礎物理定数

| 物理量 | 記号 | 数値 | 単位 |
|---|---|---|---|
| 真空の透磁率* | $\mu_0$ | $4\pi \times 10^{-7}$ | $N/A^2$ |
| 真空中の光速度* | $c_0$ | 299 792 458 | m/s |
| 真空の誘電率* | $\varepsilon_0$ | $8.854\,187\,817 \times 10^{-12}$ | F/m |
| 電気素量 | $e$ | $1.602\,176\,565(35) \times 10^{-19}$ | C |
| プランク定数 | $h$ | $6.626\,069\,57(29) \times 10^{-34}$ | J·s |
| アボガドロ定数 | $N_A$ | $6.022\,141\,29(27) \times 10^{23}$ | $mol^{-1}$ |
| 電子の静止質量 | $m_e$ | $9.109\,382\,91(40) \times 10^{-31}$ | kg |
| 陽子の静止質量 | $m_p$ | $1.672\,621\,777(74) \times 10^{-27}$ | kg |
| ファラデー定数 | $F$ | $9.648\,533\,65(21) \times 10^4$ | C/mol |
| ボーア半径 | $a_0$ | $5.291\,772\,109\,2(17) \times 10^{-11}$ | m |
| ボーア磁子 | $\mu_B$ | $9.274\,009\,68(20) \times 10^{-24}$ | J/T |
| リュードベリ定数 | $R_\infty$ | $10\,973\,731.568\,539(55)$ | $m^{-1}$ |
| 気体定数 | $R$ | $8.314\,462\,1(75)$ | J/(K·mol) |
| ボルツマン定数 | $k, k_B$ | $1.380\,648\,8(13) \times 10^{-23}$ | J/K |
| 重力定数 | $G$ | $6.673\,84(80) \times 10^{-11}$ | $m^3/(kg \cdot s^2)$ |
| 自由落下の標準加速度* | $g_n$ | 9.806 65 | $m/s^2$ |
| セルシウス温度目盛りのゼロ点* | $T(0℃)$ | 273.15 | K |
| 理想気体（1 atm, 273.15 K）のモル体積 | $V_0$ | 22.413 968(20) | L/mol |

\* 定義された正確な値である（1986年現在）。（ ）は標準不確かさを表す。例えば $6.673\,84(80) \times 10^{-11}$ は，値が $6.673\,84 \times 10^{-11}$，標準不確かさが $0.000\,80 \times 10^{-11}$ の意味である。

Data for Science and Technology，CODATA）の基礎物理定数作業部会（Task Group on Fundamental Physical Constants）から発表されたものである。この調整は2010年までに報告された実験データを考慮したもので，「2010CODATA」と呼ばれる最新の値である。

## 1.6 数値の取扱い

### 1.6.1 有効数字

分析計算に現れる数は測定値（実験値）とそれから誘導される計算値である。これらは実験誤差を伴った数値である。したがって割り算をして割り切れないからといって何桁も数字を並べるのは無意味である。計算を行う際は誤差の大きさを念頭に置いて何桁まで意味があるかを判断する必要がある。

## 1.6 数値の取扱い

測定値として意味のある,すなわち,数値を示すに有効な数字を**有効数字**(significant figure)と呼ぶ。例えば,0.1 mg まではかれる天秤では,0.1 mg の桁まで表示しているが,この最後の数字には不確かさが含まれていると考えなければならない。またビュレットでは最小目盛りの1/10まで(1/100 mLの桁)を読み取るが,最後の桁は目分量で読み取るため,多少不確実である。いずれの場合も最後の桁の数字は測定値として意味があるので,有効数字である。

有効数字の桁数を明確に表すには,整数部分が1桁の数と10の累乗の積として表す。例えば,123は$1.23×10^2$, 0.001 23は$1.23×10^{-3}$。ただし,0の場合は注意を要する。0は有効数字である場合と,位取りを表す場合があり,例えば2 400 mと表すと,有効数字が2~4桁のどれであるかわからない。有効数字が3桁ならば,$2.40×10^3$ mと表す必要がある。

〔1〕 **有効数字の運算:数値の丸め方**　測定値を有効数字 $n$ 桁の数値に丸める場合,$(n+1)$桁目以下の数値を以下のように整理する。

1. $(n+1)$桁目以下の数値が,$n$桁目の1単位の1/2未満の場合は切り捨てる。

    例) 小数点以下2桁に丸める場合

    30.234　　→　　30.23

    30.234 8　→　　30.23

2. $(n+1)$桁目以下の数値が,$n$桁目の1単位の1/2以上の場合は切り上げる。

    例) 小数点以下2桁に丸める場合

    30.256　　→　　30.26

    30.255 2　→　　30.26

〔2〕 **有効数字の運算:加減**　有効数字の桁数が不ぞろいな測定値の加減法では,有効数字の末位が一番高い位にそろえる。

　　　例)　50＋16.35＝66.35 → 66

しかしながら,多数の測定値の加減算では,位取りの最も高い値より1桁(以上)多くとって計算し,最後に四捨五入して位取りの高い数にそろえるのがよい。

例）　$1.34 + 10.5 + 8.33 = 20.17 \rightarrow 20.2$

これを，$1.34 + 10.5 + 8.33 \rightarrow 1.3 + 10.5 + 8.3 = 20.1$ とすると，誤差が大きくなってしまう．

〔3〕 **有効数字の運算：乗除**　　有効数字の桁数が不ぞろいな測定値の乗除では，最終的な数値は有効数字の桁数の最も少ない数値の桁数に合わせる．

例）　$5.3 \times 4.64 = 24.592 \rightarrow 25$

ただし，初めから有効数字の桁数の最も少ない数値の桁数に合わせて計算すると，計算値の誤差が大きくなってしまうので，有効数字の桁数の最も少ないものより1桁（以上）多くとって計算し，最後に四捨五入して位取りの高い数にそろえるのがよい．

例）　$5.3 \times 4.64 \rightarrow 5.3 \times 4.6 = 24.38 \rightarrow 24$ とすると誤差が大きくなる．

### 1.6.2　誤　　　差

すべての分析には，避けられない**誤差**（error）が伴う．**図1.3**は誤差を模式的に表している．図で測定値とあるのは1回の測定値あるいは数回の測定（**標本**, sample）の平均値である．同じ測定を無限回繰り返したとき得られるであろう測定値の分布が曲線で示してあり（**母集団**, population），その平均値が**母平均**（population mean）$\mu$, そのばらつき具合が**母標準偏差**（population standard deviation）$\sigma$ である．母集団に関して $\mu \pm \sigma$, $\mu \pm 2\sigma$, $\mu \pm 3\sigma$ の範囲を考えると，測定値がそれらの範囲内にある確率はそれぞれ 68.26%，95.44%，

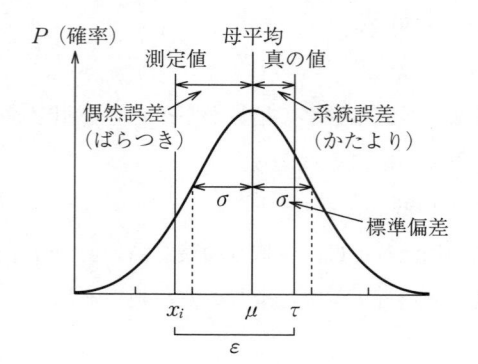

図1.3　測定値と真の値との関係

99.75%となる。誤差とは，測定値 $x_i$ が真の値 $\tau$ からどれだけ離れているかの尺度である。測定値がわれわれの知ることのできる量であるのに対し，真の値は神のみぞ知る量である。

　測定値を $x$，真の値を $\tau$ とするとき，$\varepsilon = x - \tau$ で与えられる $\varepsilon$ を誤差または**絶対誤差**（absolute error），$\varepsilon/x$ を**相対誤差**（relative error）という。相対誤差は百分率〔％〕で表されることが多い。誤差は**系統誤差**（systematic error）と**偶然誤差**（random error）に分けて考えることができる。系統誤差は，ある定まった原因による誤差であり，一連の同じ測定において，どの測定に対しても一定の値となるか，または予想できる変動をする誤差の成分であり，**偏り**（bias）と呼ばれることもある。測定機器に由来するものや，測定者の読み取り癖によるものなどがあり，回避できるものもあれば，補正できる場合もある。可能であれば除くのが原則である。一方，偶然誤差は**ばらつき**とも呼ばれ，予測できない変動をする誤差の成分である。偶然誤差は無作為に現れるものであり，一般に統計的に処理することが行われる。比較的少数の測定値から，母集団について，かなりはっきりしたことをいうことができる。

### 1.6.3　真度と精度

　測定値の分布が真の値からどれだけ離れているかの度合いを**真度**（trueness）という。これに対して，繰り返し測定して得た測定値の分布の広さ（標準偏差）の程度を**精度**（precision）という。**図 1.4** は真度と精度のよし悪し（高低）の概念を示したものである。両者はまったく異なる概念であるので混同し

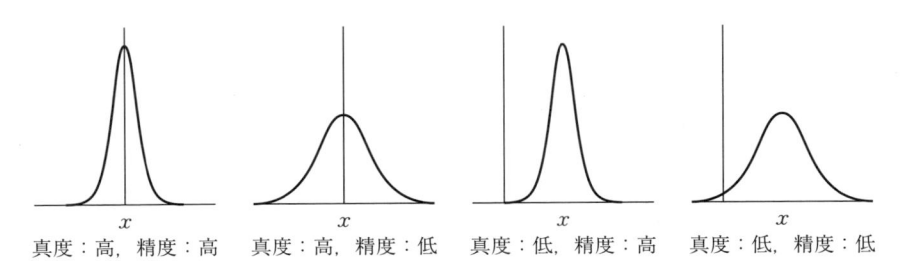

| 真度：高, 精度：高 | 真度：高, 精度：低 | 真度：低, 精度：高 | 真度：低, 精度：低 |

**図 1.4　真度と精度**

てはならない。一方，**正確さ**（accuracy）は精確さともいい，"測定の結果と真の値との間の一致の程度"と定義されている。すなわち，真度と精度の定性的な総合概念で，真度がよいだけでなく，精度も高いことを正確さが高い（よい）という。

### 1.6.4 偶然誤差と正規分布

ある測定を$N$回繰り返し，$x_1, x_2, \cdots, x_N$の測定値を得たとする。測定回数$N$をかぎりなく大きくしたとき，横軸に測定値を，縦軸にその測定値が現れる回数（頻度）をプロットすると，その極限において図1.3で示される**正規分布**（normal distribution）**曲線**になる。この曲線は次式で与えられる。

$$f(x) = \frac{1}{\sigma\sqrt{2\pi}} e^{-(x-\mu)^2/(2\sigma^2)} \tag{1.1}$$

ここで$\sigma$は**標準偏差**（standard deviation），$\sigma^2$は**分散**（variance）と呼ばれる。

### 1.6.5 平均値と標準偏差

$N$個の測定値の集団（標本）の特性を表現する値として，平均値と不偏分散がある。$N$個のデータ$x_1, x_2, \cdots, x_N$に対し，次式で与えられる$\bar{x}$を**平均値**（mean value）という。

$$\bar{x} = (x_1 + x_2 + \cdots + x_N)/N \tag{1.2}$$

$\bar{x}$はこの$N$個の測定値の集団に特有な値であって，別にまた$N$個の測定を行えば一般にこの値とは違う$\bar{x}$が得られる。しかし，このような$N$個の測定を多数回繰り返して多数の$\bar{x}$を求めてその平均をとれば，その値は母集団の平均値$\mu$に近づくことが予想される（系統誤差が完全に除かれている場合）。すなわち，$\bar{x}$は$\mu$の推定値であり，$\bar{x}$は**最も確からしい値**（most probable value）を与えるといえる。

次式で定義される量を測定値の集団$(x_1, x_2, \cdots, x_N)$の**不偏分散**（unbiased variance, $V$）といい，$x$の測定値1個当りのばらつきを表す重要なパラメーターである。

$$V = \frac{\sum_{i=1}^{N}(x_i - \bar{x})^2}{N-1} \tag{1.3}$$

$V$ は $n \to \infty$ で母標準偏差の 2 乗 $\sigma^2$ に一致する性質がある。したがって，$\sqrt{V}$ は $N \to \infty$ で $\sigma$ に近づく。すなわち，$\sqrt{V}$ は母標準偏差 $\sigma$ の推定値である。$\sqrt{V}$ を**標本標準偏差**と呼び，しばしば $s$ で表される。

$$s = \sqrt{\frac{\sum_{i=1}^{N}(x_i - \bar{x})^2}{N-1}} \tag{1.4}$$

$s$ と $\bar{x}$ の比 $s/\bar{x}$ を**相対標準偏差**あるいは**変動係数**（coefficient of variation）と呼ぶ。100 倍して％単位で表すこともある。

### 1.6.6 信頼限界

平均値 $\bar{x}$ の分布についての標準偏差 $s_m$ は次式で推定される。

$$s_m = \frac{s}{\sqrt{N}} = \sqrt{\sum_{i=1}^{N}(x_i - \bar{x})^2/(N(N-1))} \tag{1.5}$$

$s_m$ を用いることにより，**信頼区間**（confidence interval）を，$\bar{x} - ts_m < X < \bar{x} + ts_m$ のように表すことができる。ここで信頼区間とは，ある一定の確率で，真の値がその範囲内に含まれていると統計的に主張できる範囲のことをいう。$\bar{x} \pm ts_m$ を**信頼限界**（confidence limit）という。例えば，信頼区間が 95％ の場合，95％ 信頼限界という。$t$ の値は**表 1.7** から求められる。

表 1.7　$t$ 表

| 測定数 | 信頼限界 | | | 測定数 | 信頼限界 | | |
|---|---|---|---|---|---|---|---|
| | 90% | 95% | 99% | | 90% | 95% | 99% |
| 2 | 6.31 | 12.71 | 63.66 | 7 | 1.94 | 2.45 | 3.71 |
| 3 | 2.92 | 4.30 | 9.92 | 8 | 1.89 | 2.36 | 3.50 |
| 4 | 2.35 | 3.18 | 5.84 | 9 | 1.86 | 2.31 | 3.35 |
| 5 | 2.13 | 2.78 | 4.60 | 10 | 1.83 | 2.26 | 3.25 |
| 6 | 2.01 | 2.57 | 4.03 | ∞ | 1.65 | 1.96 | 2.58 |

## 演習問題

【1】 つぎの物理量を，指定された SI 接頭語を用いた単位に換算せよ。
(1) $3.4 \times 10^{-3}$ m = 　　μm　　(2) $6.2 \times 10^{-8}$ g = 　　pg
(3) $1.2 \times 10^2$ Pa = 　　kPa

【2】 つぎの物理量を，指定された SI 単位に換算せよ。
(1) 3.12 atm = 　　Pa　　(2) 5.0 eV = 　　J　　(3) $2.1 \times 10^3$ Å = 　　m

【3】 誤っている関係式はどれか。
(1) $1\,\mathrm{J} = 1\,\mathrm{kg \cdot m^2/s^2}$ 　　$1\,\mathrm{J} = 1\,\mathrm{N \cdot m/s}$ 　　$1\,\mathrm{J} = 1\,\mathrm{Pa \cdot m^3}$
(2) $1\,\mathrm{C} = 1\,\mathrm{A \cdot s}$ 　　$1\,\mathrm{V} = 1\,\mathrm{N \cdot m/C}$ 　　$1\,\mathrm{V} = 1\,\mathrm{m^2 \cdot kg/(s^2 \cdot A)}$

【4】 市販の濃塩酸は，塩化水素を 37 質量パーセント含む水溶液で，密度は $1.18\,\mathrm{g/cm^3}$ である。濃塩酸のモル濃度〔$\mathrm{mol/dm^3}$〕はいくらか。

【5】 $x_1 = 3.40$, $x_2 = 3.45$, $x_3 = 3.55$, $x_4 = 3.55$ であるとき，(1) 平均値 $\bar{x}$，(2) 不偏分散 $V$，(3) 標準偏差 $s$，(4) 95% 信頼限界，を求めよ。

# 2章 原子の構造

　化学は物質の性質を扱う学問であるが，その出発点は物質の最小構成要素である原子を知ることである。元素（原子）のもつ構造や性質は，量子力学に基づいて理解される。本章では，量子力学で取り扱われる方程式を直接解くことに踏み込むことはしないが，それにより得られた結果に基づいて，原子（元素）を取り扱うこととする。

## 2.1 量子力学以前

　原子の構造は量子力学により表現される。ここではまず，量子力学が登場する以前の状況から説明する。量子力学に関わる諸法則については，付録Aに簡単にまとめてある。

　19世紀の後半から，それまですべてにおいて成立すると考えられていた古典論（ニュートン（Newton）の力学法則やマクスウェル（Maxwell）の電磁気学）ではまったく説明することができない現象が見出されるようになった。重要なものを二つ挙げると，元素の周期律と，高温物体が発する光の波長分布である。

　1867年，ロシアの化学者メンデレーエフ（Mendelejev）は当時発見されていた元素を相対的な原子量順に並べると，その元素の化学的性質に規則性が現れることを発見し，周期表と名づけた。メンデレーエフは周期表をつくるにあたって性質の似た元素がうまく並ばない場合，まだ発見されていない元素があると考え，そこを空欄とした。そして前後の元素の性質から空欄に入る元素の

性質を予想した。**表2.1**にその一例を示すが、彼が存在を予言したエカケイ素と、その後発見されたゲルマニウムの性質がよく似ており、予想がよく的中していることがわかる。しかし、この元素の示す周期的性質は当時の古典論では説明することができなかった。

**表2.1** メンデレーエフの予言した性質と実際の性質
（ゲルマニウム）（1886年発見）

|  | エカケイ素 | ゲルマニウム |
|---|---|---|
| 原子量 | 72 | 72.64 |
| 原子価* | 4 | 4 |
| 密度 | $5.5\,\mathrm{g/cm^3}$ | $5.32\,\mathrm{g/cm^3}$ |
| 色 | 灰 | 灰 |
| 融点 | 高 | 937℃ |
| 酸化物 | $EsO_2$ | $GeO_2$ |
| 塩化物 | $EsCl_4$ | $GeCl_4$ |
| 塩化物沸点 | 100℃以下 | 83℃ |
| 塩化物密度 | $1.9\,\mathrm{g/cm^3}$ | $1.89\,\mathrm{g/cm^3}$ |

* ある原子が何個の他の原子と結合するかを表す数(valence)。

水素ガスを放電し、発光スペクトルを測定すると、**図2.1**に示すような規則性をもった、不連続な線スペクトルが得られる。このスペクトル線は水素原子の発光によるもので、その波長 $\lambda$（あるいは波数 $\tilde{\nu}$）は簡単な数式

$$\frac{1}{\lambda} = \tilde{\nu} = R_\infty \left( \frac{1}{n_1^2} - \frac{1}{n_2^2} \right) \tag{2.1}$$

で表される。ここで $n_2, n_1$ は正の整数 $(n_2 > n_1)$、$R_\infty$ は**リュードベリ**（Rydberg）**定数** $(R_\infty = 1.097\,373\,156\,9 \times 10^7\,\mathrm{m^{-1}})$ と呼ばれる。この関係を初めて見つけたのは、可視部に現れるスペクトルを解析したバルマー（Balmer）で、$n_1 = 2$

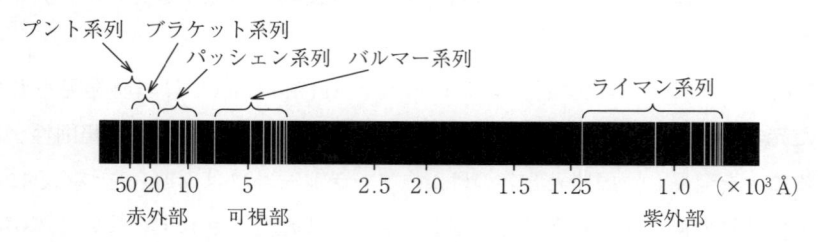

**図2.1** 水素原子のスペクトル $(\text{Å} = 10^{-10}\,\mathrm{m})$

に対応し，**バルマー系列**と呼ばれる．その後，紫外部に**ライマン（Lyman）系列**（$n_1=1$），赤外部に**パッシェン（Paschen）系列**（$n_1=3$），**ブラケット（Brackett）系列**（$n_1=4$），**プント（Pfund）系列**（$n_1=5$）があることが見出され，それぞれ発見者にちなんで名前が付けられている．式(2.1)の関係式は，元素の示す周期的性質同様，当時の古典論では説明することができなかった．

水素原子の発する光のスペクトルを最初に理論的に説明したのは，1913年，ボーア（Bohr）であった（付録 B 参照）．しかし，ボーアの原子模型は，水素より複雑な原子を取り扱うことができないこと，さらには，原子内の電子を，正確に一定の位置をとり，一定の速度をもつ粒子とみなすことができないことが，徐々に明らかとなってきたことにより，やがて，現在使われている量子力学に取って代わられることとなる．

## 2.2　原子構造 ― 水素原子 ―

最も簡単な原子である水素原子に関する**シュレディンガー方程式**（Schrödinger equation）を解くと，水素原子内での電子の空間分布やエネルギーを求めることができる．なお，シュレディンガー方程式に関しては付録 A.5 を参照してほしい．そこでは，シュレディンガー方程式の水素原子以外の適用例として，箱の中の粒子と調和振動子の場合を取り上げている．

水素原子は中心に陽子1個からなる原子核とそのまわりを運動している電子1個からなる．先に示したように陽子の質量は電子の質量の約1840倍もあるため，原子核は静止していると考え，原子核を原点としたときの電子の運動だけを考えればよい．この場合，座標は**図2.2**に示した極座標を用いるのが便利である．極座標を用いると，位置（ポテンシャル）エネルギーは $V=-e^2/(4\pi\varepsilon_0 r)$ で与えられる．ここで $\varepsilon_0$ は真空の誘電率（dielectric constant）である．水素原子についてシュレディンガー方程式を解くことはそれほど難しいことではないが，ここではその問題に立ち入らない．どのように解くかよりは，その結果が重要である．水素原子についての解は三つの**量子数**（quantum number）$n$,

$x = r\sin\theta\cos\phi$
$y = r\sin\theta\sin\phi$
$z = r\cos\theta$

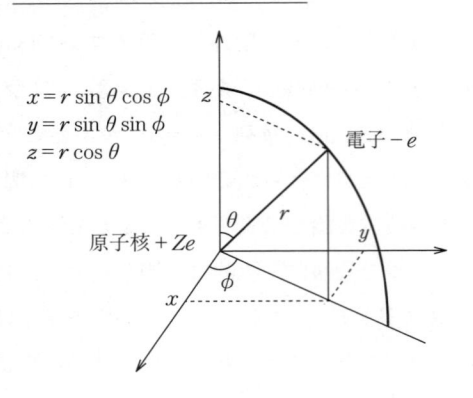

電子 $-e$

原子核 $+Ze$

図 2.2 極 座 標

$l, m_l$ を含むものとして得られる。また，シュレディンガー方程式の解 $\Psi$ は原子に適用された場合，**軌道（関数）**あるいは後で出てくる分子軌道と区別するため**原子軌道（関数）**（(atomic) orbital）と呼ばれる。$\Psi(r, \theta, \phi)$ はそれぞれ $r, \theta, \phi$ のみの関数 $R(r)$，$\Theta(\theta)$，$\Phi(\phi)$ の積 $\Psi(r, \theta, \phi) = R(r)\cdot\Theta(\theta)\cdot\Phi(\phi)$ で与えられ，$\Psi^*\Psi$ は任意の点において電子を見出す確率（電子の存在確率）を表す（$\Psi^*$ は $\Psi$ の複素共役）。電子は原子核のまわりの空間に広がっていると解釈され，その確率の空間分布を**電子雲**（electron cloud）と呼ぶ。$\Psi^*\Psi$ を全空間について積分すれば1となる。

$$\int_{-\infty}^{\infty}\int_{-\infty}^{\infty}\int_{-\infty}^{\infty} \Psi^*\Psi \, d\tau = 1 \tag{2.2}$$

先に述べたように，波動関数すなわち原子軌道は三つの量子数 $n, l, m_l$ を含むものとして得られ，電子の空間分布はこれら三つの量子数により規定される。1番目の量子数 $n$ は**主量子数**（principal quantum number）と呼ばれ，1から∞までの整数値をとる。$n$ の値に対応して**電子殻**（electron shell）すなわち主量子数が同じ電子の状態が定義され，$n=1$ の状態は **K 殻**，以下 $n=2, 3, 4, \cdots$ に対応して **L 殻**，**M 殻**，**N 殻**，$\cdots$ と呼ばれる。$n$ により電子のおおよその空間的な広がりの程度が決まり，その値が小さいほど電子は原子核の近傍に分布している。水素の場合には $n$ によりそのエネルギー準位が一義的に決まる（水素以外の原子ではエネルギー準位は $l$ にも依存する）。$n$ の値が小さいほど，エネルギー準位は低くなり，電子はより安定な状態で存在する。$l$ は**方

位量子数（azimuthal quantum number）と呼ばれ，0から$n-1$までの整数値をとる。すなわち，ある$n$について，$l$は$n$個存在する。電子の軌道運動における角運動量の量子化に関する量子数であり，これにより，電子の軌道の形が決まる。したがって，$l$の値は分子の構造を論ずる際重要となる。$l$の値$l=0$，1，2，3，…に対して，s，p，d，f，…とアルファベットを対応させる。そして，例えば，$n=2$，$l=1$の軌道を2p軌道と呼ぶ。3番目の量子数$m_l$は**磁気量子数**（magnetic quantum number）と呼ばれ，ある$l$に対して$-l$から$+l$までの$2l+1$個の整数値をとる。軌道角運動量の$z$軸方向（外部磁場の方向）の成分を決める量子数であり，電子雲の方向を決める。

原子軌道（波動関数）の$r$のみの関数部分$R(r)$は**動径波動関数**（radial wave function），$\theta, \phi$を変数とする$Y(\theta, \phi) = \Theta(\theta) \cdot \Phi(\phi)$の部分は**角波動関数**（angular wave function）と呼ばれる。水素原子の波動関数を$R(r)$と$Y(\theta, \phi)$に分け，量子数$n, l, m_l$の組に対して$n=3$までの具体的な数式を書くと**表2.2**のようになる。$(2, 1, \pm 1)$のように書いてある量子数の組合せの関数は注意が必要である。それらは$(2, 1, 1)$，$(2, 1, -1)$に対応したものではなく，それらを組み合わせて関数を実数化したものである。このようにすると，量子数の組$(1, 0, 0)$を1s，$(2, 0, 0)$を2s，$(2, 1, 1)$と$(2, 1, -1)$からできる原子軌道を$2p_x$および$2p_y$のように表現できる。

水素原子の動径波動関数を図示すると**図2.3**（左）のようになる。動径波動関数自身は物理的意味をもたないが，特徴を簡単にまとめると，以下のようになろう。

(1) 指数関数的に減衰し，$n$が大きいほど減衰が遅い。

(2) s軌道には$(n-1)$個，p軌道には$(n-2)$個，…，の**節**（node，$R=0$となる点，3次元的に考えると面（節面））が存在する。節では**位相**（phase）が変化する。

(3) s軌道以外は，$r=0$で$R=0$。

$R$は物理的意味をもたないが，$R^2$は電子の存在確率を与える関数である。この場合，重要な意味をもつのは，原子核からの距離$r$と$r+dr$までの間の殻

**表2.2 水素類似原子の波動関数**

| $n$ | $l$ | $m_l$ | $R_{n,l}(r)$ | $Y_{l,m_l}(\theta,\phi)$ |
|---|---|---|---|---|
| 1 | 0 | 0 | $\Psi_{1s} = 2\left(\dfrac{Z}{a_0}\right)^{3/2} e^{-\rho}$ | $\left(\dfrac{1}{4\pi}\right)^{1/2}$ |
| 2 | 0 | 0 | $\Psi_{2s} = \dfrac{1}{2\sqrt{2}}\left(\dfrac{Z}{a_0}\right)^{3/2}(2-\rho)e^{-\rho/2}$ | $\left(\dfrac{1}{4\pi}\right)^{1/2}$ |
| 2 | 1 | 0 | $\Psi_{2p_z} = \dfrac{1}{2\sqrt{6}}\left(\dfrac{Z}{a_0}\right)^{3/2}\rho\, e^{-\rho/2}$ | $\left(\dfrac{3}{4\pi}\right)^{1/2}\cos\theta$ |
| 2 | 1 | ±1 | $\Psi_{2p_x} = \dfrac{1}{2\sqrt{6}}\left(\dfrac{Z}{a_0}\right)^{3/2}\rho\, e^{-\rho/2}$ | $\left(\dfrac{3}{4\pi}\right)^{1/2}\sin\theta\cos\phi$ |
|   |   |    | $\Psi_{2p_y} = \dfrac{1}{2\sqrt{6}}\left(\dfrac{Z}{a_0}\right)^{3/2}\rho\, e^{-\rho/2}$ | $\left(\dfrac{3}{4\pi}\right)^{1/2}\sin\theta\sin\phi$ |
| 3 | 0 | 0 | $\Psi_{3s} = \dfrac{2}{81\sqrt{3}}\left(\dfrac{Z}{a_0}\right)^{3/2}(27-18\rho+2\rho^2)e^{-\rho/3}$ | $\left(\dfrac{1}{4\pi}\right)^{1/2}$ |
| 3 | 1 | 0 | $\Psi_{3p_z} = \dfrac{4}{81\sqrt{6}}\left(\dfrac{Z}{a_0}\right)^{3/2}(6\rho-\rho^2)e^{-\rho/3}$ | $\left(\dfrac{3}{4\pi}\right)^{1/2}\cos\theta$ |
| 3 | 1 | ±1 | $\Psi_{3p_x} = \dfrac{4}{81\sqrt{6}}\left(\dfrac{Z}{a_0}\right)^{3/2}(6\rho-\rho^2)e^{-\rho/3}$ | $\left(\dfrac{3}{4\pi}\right)^{1/2}\sin\theta\cos\phi$ |
|   |   |    | $\Psi_{3p_y} = \dfrac{4}{81\sqrt{6}}\left(\dfrac{Z}{a_0}\right)^{3/2}(6\rho-\rho^2)e^{-\rho/3}$ | $\left(\dfrac{3}{4\pi}\right)^{1/2}\sin\theta\sin\phi$ |
| 3 | 2 | 0 | $\Psi_{3d_{z^2}} = \dfrac{4}{81\sqrt{30}}\left(\dfrac{Z}{a_0}\right)^{3/2}\rho^2 e^{-\rho/3}$ | $\dfrac{\sqrt{5}}{2}\left(\dfrac{1}{4\pi}\right)^{1/2}(3\cos^2\theta-1)$ |
| 3 | 2 | ±1 | $\Psi_{3d_{xz}} = \dfrac{4}{81\sqrt{30}}\left(\dfrac{Z}{a_0}\right)^{3/2}\rho^2 e^{-\rho/3}$ | $\sqrt{15}\left(\dfrac{1}{4\pi}\right)^{1/2}\sin\theta\cos\theta\cos\phi$ |
|   |   |    | $\Psi_{3d_{yz}} = \dfrac{4}{81\sqrt{30}}\left(\dfrac{Z}{a_0}\right)^{3/2}\rho^2 e^{-\rho/3}$ | $\sqrt{15}\left(\dfrac{1}{4\pi}\right)^{1/2}\sin\theta\cos\theta\sin\phi$ |
| 3 | 2 | ±2 | $\Psi_{3d_{x^2-y^2}} = \dfrac{4}{81\sqrt{30}}\left(\dfrac{Z}{a_0}\right)^{3/2}\rho^2 e^{-\rho/3}$ | $\dfrac{\sqrt{15}}{2}\left(\dfrac{1}{4\pi}\right)^{1/2}\sin^2\theta\cos 2\phi$ |
|   |   |    | $\Psi_{3d_{xy}} = \dfrac{4}{81\sqrt{30}}\left(\dfrac{Z}{a_0}\right)^{3/2}\rho^2 e^{-\rho/3}$ | $\dfrac{\sqrt{15}}{2}\left(\dfrac{1}{4\pi}\right)^{1/2}\sin^2\theta\sin 2\phi$ |

注1) $\rho = Zr/a_0$, $a_0$ はボーア半径。
注2) 水素類似原子とは,$He^+$,$Li^{2+}$ などの電子を1個だけもつイオン。

の内部に電子を見出す確率である。この殻の体積 $d\tau$ は $d\tau = (4\pi/3)(r+dr)^3 - (4\pi/3)r^3 = 4\pi r^2 dr$ であるから,$4\pi r^2 R^2$ が重要な意味をもつことになる。$4\pi r^2 R^2$ は,**動径分布(確率)関数**(radial distribution (probability) function)と呼ばれ,原子核から距離 $r$ で電子を見出す確率を表す。種々の $R$ に対応する $4\pi r^2 R^2$ が,図2.3(右)に図示されている。動径分布関数の主要な特徴は以下のようにまとめられよう。

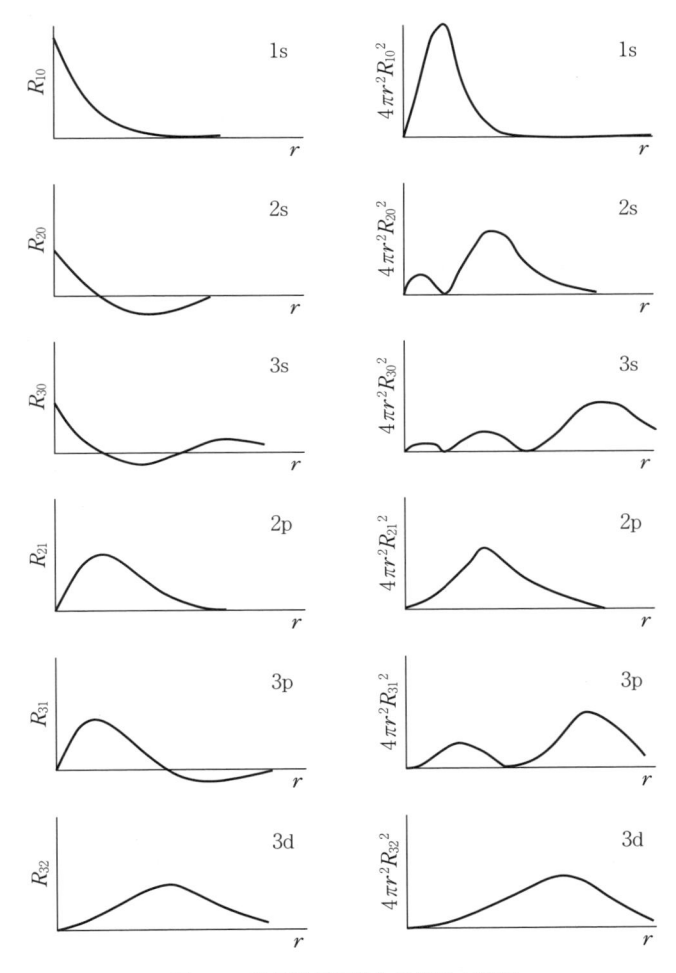

**図 2.3** 動径波動関数と動径分布関数

(1) 動径方向に電子を見出す確率を表す。
(2) s 軌道には $(n-1)$ 個,p 軌道には $(n-2)$ 個,…,の節が存在する。存在確率が極大となるピークの数はそれぞれ $n$ 個,$(n-1)$ 個,…,となる。
(3) $r=0$ および $r \to \infty$ で $4\pi r^2 R^2 \to 0$。その間に極大がある。
(4) 極大が複数存在するとき,核から離れるほどピークは高くなる。一番外側のピークが最大。

(5)  $l$ が一定のとき，$n$ が大きくなると最大位置は核からだんだん遠くなる。
(6)  $n$ が一定のとき，$l$ の増大とともに最大位置はやや核に近づく。1s 軌道で動径分布関数の極大を与える $r$ はボーア半径 $a_0$ に一致する（付録 B 参照）。

角波動関数は $l$ 個の **節面** (nodal plane) をもち，$Y^*Y$（角分布関数）により電子雲の"形"とその方向が決まる（$Y^*$ は $Y$ の複素共役）。電子分布の角度 $(\theta, \phi)$ 依存性を **図 2.4** に示した。+，− は軌道（波動関数）の符号，すなわち位相，を表している。$l=0$ のとき波動関数は球対称をしており，$l \neq 0$ のとき波動関数に方向性が現れることが見てとれる。

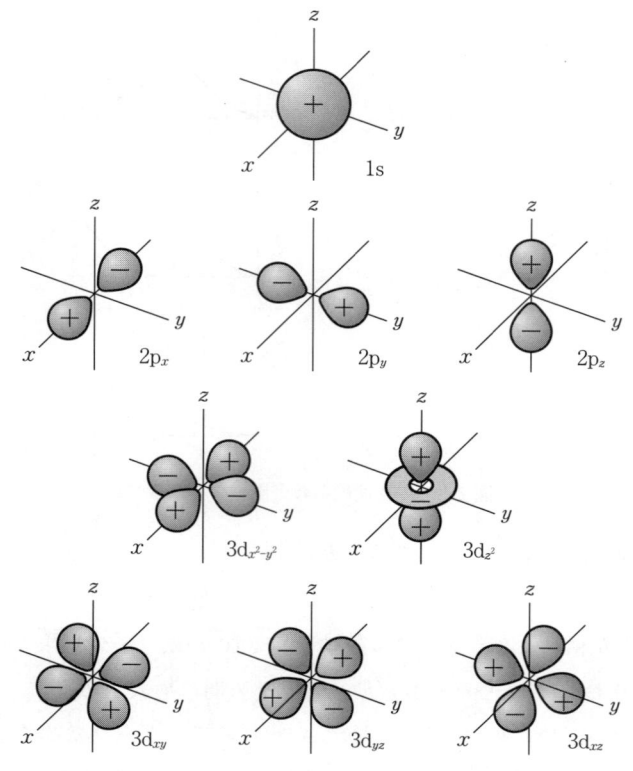

**図 2.4**  水素原子における電子分布の角度依存性

原子軌道関数は $R$ と $Y$ の積で与えられ，特定の $n$ に対して $n^2$ 個の $(n, l, m_l)$ の組がある。電子分布の形とその配向は $Y$ の部分によって決まるため，軌道の形も図 2.4 のように図示される。1s 電子が高い確率で存在する空間は図のように，ある大きさをもった球で表現される。この空間図形は，電子の空間分布の幾何学的特徴とともに，その範囲に電子がある確率（例えば，90%）をもって見出されることを意味している。2s 軌道も球対称であるが，1 個の節球面をもち，2s 電子が見出される空間は 1s 電子の場合よりも大きい球で表されることになる。一般に，すべての $n$s 軌道は球対称である。2p 電子の空間分布は球対称ではなく，特定の方向に伸びた亜鈴形をしている。2p 軌道には $m_l$ の値が異なる三つの場合があるが，これらは図形としては同じであるが，それぞれ $x, y, z$ 方向を向いている。これらの軌道を $2p_x, 2p_y, 2p_z$ と表す。例えば，$2p_x$ は $x$ 軸に関して対称である。$r$ が一定のとき $\Psi_{2p_x}$ は $x$ 軸上で最大であり，$yz$ 平面上では 0 となる。$2p_x$ 電子の空間分布は，$yz$ 平面に関しても対称である。3d 軌道には $m_l$ の値が異なる五つの場合があり，$3d_{z^2}, 3d_{xy}, 3d_{yz}, 3d_{xz}, 3d_{x^2-y^2}$ で表される。$3d_{xy}, 3d_{yz}, 3d_{xz}$ はよく似ており，たがいに直角に四つの**ローブ**（lobe，葉状の部分）をもち，図形としては同じである。各軌道のローブはデカルト平面（$3d_{xy}$ であれば $xy$ 平面，$3d_{yz}$ であれば $yz$ 平面，$3d_{xz}$ であれば $xz$ 平面）の四つの象限方向（軸と軸の間の方向）を向いている。それぞれの軌道は二つの節面をもつ。$3d_{x^2-y^2}$ は $3d_{xy}, 3d_{yz}, 3d_{xz}$ と同じ形をしているが，$3d_{xy}$ を $z$ 軸まわりに 45°回転して得られ，ローブが $x, y$ 軸に沿って伸びている。$3d_{z^2}$ はやや特殊な形をしており，$z$ 軸方向に高い電子密度をもつ亜鈴形の部分と $xy$ 平面に高い電子密度をもつドーナッツ形のベルト部分からなる。亜鈴とベルトの間に円錐形の節面をもつ。$3d_{z^2}$ は，$3d_{x^2-z^2}$（ローブが $x, z$ 軸に沿って伸びている）と $3d_{y^2-z^2}$（ローブが $y, z$ 軸に沿って伸びている）を組み合わせた軌道と捉えることができる。

　s 軌道が球対称であるのと同様に，三つの p 軌道 1 組を加え合わせたものも，五つの d 軌道を合わせたものも同様に球対称である。したがって，ネオン原子（後出）のように，s 軌道，p 軌道に電子が満たされている原子は，"で

こぼこ"の電子雲で覆われているわけではなく，全体の電子の確率分布は，完全に球対称である。

以上，水素原子についてシュレディンガー方程式の解である波動関数に関連する事項を述べてきたが，エネルギーは

$$E_n = -\frac{me^4}{8\varepsilon_0^2 n^2 h^2} \tag{2.3}$$

で与えられる。すなわちエネルギーは主量子数のみの関数であり，方位量子数や磁気量子数には依存しない。なお，この式のエネルギーは，ボーアによって得られたエネルギーと一致する（付録B，式(B.6)）。特定の $n$ に対して $n^2$ 個の $(n, l, m_l)$ の組があるので，$n^2$ 個の軌道は同じエネルギーをもつことになる。例えば，2s, 2p$_x$, 2p$_y$, 2p$_z$ はすべて同じエネルギーをもっており，それらは**縮退**または**縮重**（degenerate）しているという。$n=1$ の最低エネルギーの状態を**基底状態**（ground state），それ以外のエネルギー状態を**励起状態**（excited state）という。

量子数 $n, l, m_l$ と水素原子における電子の分布の仕方は，以下のようにまとめられよう。

(1) 一つの原子について，$n$ の値が小さいほどその軌道は安定であり，エネルギーが低い。

(2) $n$ 番目のエネルギー準位には $n$ 種類の軌道がある。例えば，3番目のエネルギー準位には s, p, d の3種類の軌道がある。

(3) 各種類の軌道には，$2l+1$ 個の軌道がある。例えば，d 軌道は全部で5個ある。$2l+1$ という数は，$l$ の値に対してとり得る $m_l$ の値の数である。

(4) どの軌道についても，動径分布関数には，$n-l-1$ 個の節がある。例えば，3s 軌道には2個の，4p 軌道にも2個の節がある。

(5) どの軌道についても，角分布関数には $l$ 個の節面がある。

## 2.3 原子構造 — 多電子原子 —

前節では，水素原子のみを対象として説明を行った。シュレディンガー方程式は，水素原子（および類似の一電子イオン）についてのみ厳密に解かれている。水素のつぎに簡単なヘリウム原子は原子核と2個の電子からなる。これは，物理学でいう三体問題（three-body problem）の一例であり，厳密に解くことはできない。しかし，近似法を使うことにより，高度の近似解を得ることができる。このような計算法によると，水素以外の原子の軌道も水素の軌道と大きくかけ離れたものとはならない。主な相違は，電子どうしの反発と核電荷の増加である。この核電荷の増加によりどの軌道も水素原子の場合に比べいくぶん収縮している。

水素原子の場合，$n$ が同じであれば，$l$ が異なっても電子のエネルギーは同じであった。これに対し，電子が2個以上になると，電子どうしの反発と空間的に内側に位置する軌道の電子が核の正電荷を遮へい（shield）するため，$l$ が異なるとエネルギー準位が変化する。一般に特定の $n$ に対して，軌道のエネルギーは s＜p＜d＜f…の順に増加する。

### 2.3.1 電子スピン

原子内の電子の空間分布を記述するには，$n, l, m_l$ の3種類の量子数が必要であった。これらの量子数は，シュレディンガー方程式を解く過程で自動的に導入されたものである。しかし，原子内の電子を完全に記述するためには，4番目の量子数である**スピン量子数**（spin quantum number）$s$ を指定する必要がある。電子がコマのように**自転**（**スピン**，spin）と呼ばれる回転運動をしているためである。電子の自転運動はスピン量子数 $s=1/2$ という一つの半整数のみをもつが，その方向は2方向あり，その成分（しばしば，**スピン磁気量子数**（spin magnetic quantum number, $m_s$）と呼ばれる）は $m_s = \pm 1/2$ の値をとる。記号では，$+1/2$，$-1/2$ に対応させて↑と↓あるいは $\alpha$ と $\beta$ で表現され

る。2個の電子をもつ原子では,スピンはたがいに並行（同じ方向を向いている）か,逆向きで打ち消し合っているかのどちらかである。後者の場合,二つの電子は対になっているといわれる。原子内の電子がどれも対になっているとき,このような原子を磁場の中に置くとわずかに反発を受ける。このような原子を**反磁性**（diamagnetic）という。原子内に一つ以上の対になっていない電子（不対電子と呼ばれる）があると,この原子は磁場の中で強い引力を受ける。このような原子は**常磁性**（paramagnetic）であるといわれる。

### 2.3.2 電子配置

原子の中で,電子がどの原子軌道に充填されているかを表したものが**電子配置**（electron configuration）である。エネルギーが最も低い状態にある原子,すなわち基底状態にある原子中の電子は,軌道をエネルギーの低いほうから,**パウリの禁制（排他）原理**（Pauli exclusion principle）を満たしながら順に埋めていく。この原則を**構成（築き上げ）原理**（Aufbau principle）という。パウリの禁制原理とは,"一つの原子内で2個の電子がまったく同じ1組四つの量子数をとることはできない"というものである。したがって,例えば,K殻（$n=1$）は（$n, l, m_l, m_s$）が（1, 0, 0, +1/2）の電子と（1, 0, 0, -1/2）の電子,つまり合計2個の電子を収容できる（逆にいえば,K殻は最大2個の電子しか収容できない）。同様に,L殻では最大8個,M殻では最大18個,…,一般に主量子数が$n$の殻では最大$2n^2$個の電子を収容することができる。

原子軌道の**エネルギー準位**（energy level）は,**図2.5**に示したようになっている。図中のエネルギー準位は**図2.6**を利用すると記憶しやすい。すなわち,横軸に$l$,縦軸に$n$をとり,理論的に存在しない軌道を除き,左下から上方に,斜めの線に従って軌道を並べていく。すると,1s < 2s < 2p < 3s < 3p < 4s < 3d < …となる。4sと3dのところで,$n$の値の大きな軌道のほうが値の小さな軌道よりエネルギー準位が低いという,最初の逆転が起こる。

構成原理に従って得られる原子番号10のネオンまでの基底状態における電子配置を**表2.3**に示した。水素,ヘリウムでは,一番エネルギー準位の低い

2.3 原子構造 — 多電子原子 —　31

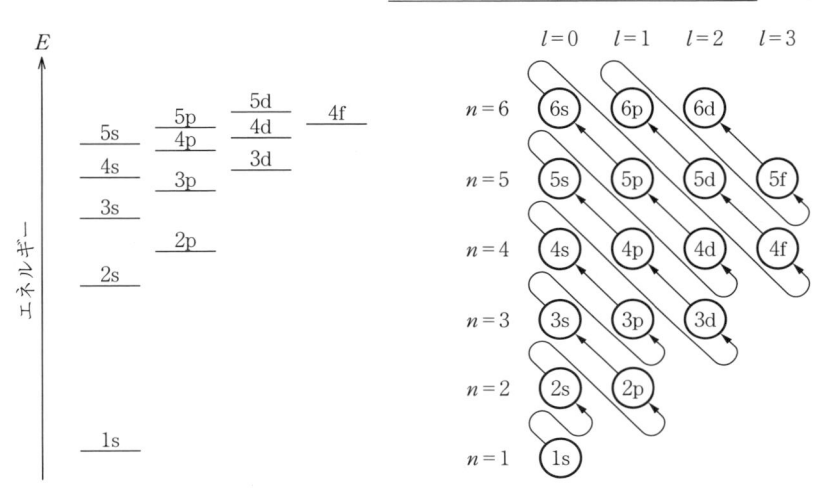

**図 2.5** 原子軌道（水素以外）の相対的エネルギー準位

**図 2.6** 電子が満たされていく軌道の順序

**表 2.3** 中性原子の基底状態における電子配置（最初の 10 元素）

| 元素 | 電子配置 | 電子のスピン状態 | | | | |
|---|---|---|---|---|---|---|
| | | 1s | 2s | $2p_x$ | $2p_y$ | $2p_z$ |
| $_1$H | $1s^1$ | ↑ | | | | |
| $_2$He | $1s^2$ | ↑↓ | | | | |
| $_3$Li | $1s^2 2s^1$ | ↑↓ | ↑ | | | |
| $_4$Be | $1s^2 2s^2$ | ↑↓ | ↑↓ | | | |
| $_5$B | $1s^2 2s^2 2p^1$ | ↑↓ | ↑↓ | ↑ | | |
| $_6$C | $1s^2 2s^2 2p^2$ | ↑↓ | ↑↓ | ↑ | ↑ | |
| $_7$N | $1s^2 2s^2 2p^3$ | ↑↓ | ↑↓ | ↑ | ↑ | ↑ |
| $_8$O | $1s^2 2s^2 2p^4$ | ↑↓ | ↑↓ | ↑↓ | ↑ | ↑ |
| $_9$F | $1s^2 2s^2 2p^5$ | ↑↓ | ↑↓ | ↑↓ | ↑↓ | ↑ |
| $_{10}$Ne | $1s^2 2s^2 2p^6$ | ↑↓ | ↑↓ | ↑↓ | ↑↓ | ↑↓ |

1s軌道に電子が入る。パウリの禁制原理に従い、ヘリウムの2個の電子は、異なるスピン磁気量子数をもつ。先に述べたようにヘリウムまでで、一番エネルギー準位の低い1s軌道は満たされてしまい、リチウム原子を構成する3番目の電子は2番目にエネルギー準位の低い2s軌道に入る。3番目の電子のスピンは$+1/2$, $-1/2$のどちらでもよい（表2.3には$+1/2$の状態を示してある）。ホウ素を形成するための5番目の電子は、3番目にエネルギー準位の低い2p軌道に入ることになる。この場合、2pには、三つの縮重している軌道、$2p_x$, $2p_y$, $2p_z$があるが、どの軌道に収容させても構わない。また、スピンも$+1/2$, $-1/2$のどちらでもよい（表2.3には$2p_x$に収容させ、スピンが$+1/2$の状態を示してある）。6番目の電子を加え、炭素原子の電子配置を決める際にはいくつかの可能性が生じる。すなわち、(1) 5, 6番目の電子は同じ軌道に入る（この場合、禁制原理により、二つの電子は逆向きのスピンをもつ）、(2) 2個の電子は別の軌道に入り、スピンは同じ方向を向く、(3) 2個の電子は別の軌道に入り、スピンは逆方向を向く。この三つの可能性のうち、どの状態が最も安定かは、"電子はできるだけ別な軌道に入り、スピンは平行（同じ$m_s$の値をもつ）になろうとする"、という**フントの規則**（Hund's rule）によって決まる。すなわち、炭素の基底状態の電子配置は上記の(2)ということになる。なお、電子配置の表記法は、軌道を$n$の値の小さいものから、$n$の値の等しい軌道の中では$l$の値の小さいものから並べ、それぞれの軌道の右肩にその軌道に入っている電子の数を書いて表す。例えば、炭素であれば、表2.3に示されているように、$1s^2 2s^2 2p^2$となる。二つの2p軌道を区別する必要のあるときは$1s^2 2s^2 2p_x^1 2p_y^1$のように表記する。また、例えばチタン$_{22}$Tiの電子配置の表記は$1s^2 2s^2 2p^6 3s^2 3p^6 3d^2 4s^2$となり、4s電子より、3d電子のほうが後から充填されるにもかかわらず前に置かれるので注意する必要がある。さらに、貴ガス原子の電子配置を、例えばネオンであれば[Ne]のように表記して、それより原子番号の大きい原子の電子配置を例えばチタンであれば[Ar]$3d^2 4s^2$と省略形で書くこともある。

表2.3に示されているように、ネオンでは2p軌道は完全に充填される。L

殻が完全に満たされた状態になっており，この状態の殻を**閉殻**（closed shell）という。なお，与えられた $n$ に対応する殻を $l$ によってさらに細分化し，それぞれを**副殻**（subshell）という。先に述べたように，完全に満たされた副殻は，その電子分布が空間的に球対称である。また，窒素原子の 2p 軌道のように

表 2.4　中性原子の基底状態における電子配置

| $Z$ | 元素 | 電子配置 | $Z$ | 元素 | 電子配置 | $Z$ | 元素 | 電子配置 |
| --- | --- | --- | --- | --- | --- | --- | --- | --- |
| 1 | H | $1s^1$ | 36 | Kr | $[Ar]3d^{10}4s^24p^6$ | 71 | Lu | $[Xe]4f^{14}5d^16s^2$ |
| 2 | He | $1s^2$ | 37 | Rb | $[Kr]5s^1$ | 72 | Hf | $[Xe]4f^{14}5d^26s^2$ |
| 3 | Li | $[He]2s^1$ | 38 | Sr | $[Kr]5s^2$ | 73 | Ta | $[Xe]4f^{14}5d^36s^2$ |
| 4 | Be | $[He]2s^2$ | 39 | Y | $[Kr]4d^15s^2$ | 74 | W | $[Xe]4f^{14}5d^46s^2$ |
| 5 | B | $[He]2s^22p^1$ | 40 | Zr | $[Kr]4d^25s^2$ | 75 | Re | $[Xe]4f^{14}5d^56s^2$ |
| 6 | C | $[He]2s^22p^2$ | 41 | Nb | $[Kr]4d^45s^1$ | 76 | Os | $[Xe]4f^{14}5d^66s^2$ |
| 7 | N | $[He]2s^22p^3$ | 42 | Mo | $[Kr]4d^55s^1$ | 77 | Ir | $[Xe]4f^{14}5d^76s^2$ |
| 8 | O | $[He]2s^22p^4$ | 43 | Tc | $[Kr]4d^55s^2$ | 78 | Pt | $[Xe]4f^{14}5d^96s^1$ |
| 9 | F | $[He]2s^22p^5$ | 44 | Ru | $[Kr]4d^75s^1$ | 79 | Au | $[Xe]4f^{14}5d^{10}6s^1$ |
| 10 | Ne | $[He]2s^22p^6$ | 45 | Rh | $[Kr]4d^85s^1$ | 80 | Hg | $[Xe]4f^{14}5d^{10}6s^2$ |
| 11 | Na | $[Ne]3s^1$ | 46 | Pd | $[Kr]4d^{10}$ | 81 | Tl | $[Xe]4f^{14}5d^{10}6s^26p^1$ |
| 12 | Mg | $[Ne]3s^2$ | 47 | Ag | $[Kr]4d^{10}5s^1$ | 82 | Pb | $[Xe]4f^{14}5d^{10}6s^26p^2$ |
| 13 | Al | $[Ne]3s^23p^1$ | 48 | Cd | $[Kr]4d^{10}5s^2$ | 83 | Bi | $[Xe]4f^{14}5d^{10}6s^26p^3$ |
| 14 | Si | $[Ne]3s^23p^2$ | 49 | In | $[Kr]4d^{10}5s^25p^1$ | 84 | Po | $[Xe]4f^{14}5d^{10}6s^26p^4$ |
| 15 | P | $[Ne]3s^23p^3$ | 50 | Sn | $[Kr]4d^{10}5s^25p^2$ | 85 | At | $[Xe]4f^{14}5d^{10}6s^26p^5$ |
| 16 | S | $[Ne]3s^23p^4$ | 51 | Sb | $[Kr]4d^{10}5s^25p^3$ | 86 | Rn | $[Xe]4f^{14}5d^{10}6s^26p^6$ |
| 17 | Cl | $[Ne]3s^23p^5$ | 52 | Te | $[Kr]4d^{10}5s^25p^4$ | 87 | Fr | $[Rn]7s^1$ |
| 18 | Ar | $[Ne]3s^23p^6$ | 53 | I | $[Kr]4d^{10}5s^25p^5$ | 88 | Ra | $[Rn]7s^2$ |
| 19 | K | $[Ar]4s^1$ | 54 | Xe | $[Kr]4d^{10}5s^25p^6$ | 89 | Ac | $[Rn]6d^17s^2$ |
| 20 | Ca | $[Ar]4s^2$ | 55 | Cs | $[Xe]6s^1$ | 90 | Th | $[Rn]6d^27s^2$ |
| 21 | Sc | $[Ar]3d^14s^2$ | 56 | Ra | $[Xe]6s^2$ | 91 | Pa | $[Rn]5f^26d^17s^2$ |
| 22 | Ti | $[Ar]3d^24s^2$ | 57 | La | $[Xe]5d^16s^2$ | 92 | U | $[Rn]5f^36d^17s^2$ |
| 23 | V | $[Ar]3d^34s^2$ | 58 | Ce | $[Xe]4f^26s^2$ | 93 | Np | $[Rn]5f^46d^17s^2$ |
| 24 | Cr | $[Ar]3d^54s^1$ | 59 | Pr | $[Xe]4f^36s^2$ | 94 | Pu | $[Rn]5f^67s^2$ |
| 25 | Mn | $[Ar]3d^54s^2$ | 60 | Nd | $[Xe]4f^46s^2$ | 95 | Am | $[Rn]5f^77s^2$ |
| 26 | Fe | $[Ar]3d^64s^2$ | 61 | Pm | $[Xe]4f^56s^2$ | 96 | Cm | $[Rn]5f^76d^17s^2$ |
| 27 | Co | $[Ar]3d^74s^2$ | 62 | Sm | $[Xe]4f^66s^2$ | 97 | Bk | $[Rn]5f^86d^17s^2$ |
| 28 | Ni | $[Ar]3d^84s^2$ | 63 | Eu | $[Xe]4f^76s^2$ | 98 | Cf | $[Rn]5f^{10}7s^2$ |
| 29 | Cu | $[Ar]3d^{10}4s^1$ | 64 | Gd | $[Xe]4f^75d^16s^2$ | 99 | Es | $[Rn]5f^{11}7s^2$ |
| 30 | Zn | $[Ar]3d^{10}4s^2$ | 65 | Tb | $[Xe]4f^96s^2$ | 100 | Fm | $[Rn]5f^{12}7s^2$ |
| 31 | Ga | $[Ar]3d^{10}4s^24p^1$ | 66 | Dy | $[Xe]4f^{10}6s^2$ | 101 | Md | $[Rn]5f^{13}7s^2$ |
| 32 | Ge | $[Ar]3d^{10}4s^24p^2$ | 67 | Ho | $[Xe]4f^{11}6s^2$ | 102 | No | $[Rn]5f^{14}7s^2$ |
| 33 | As | $[Ar]3d^{10}4s^24p^3$ | 68 | Er | $[Xe]4f^{12}6s^2$ | 103 | Lr | $[Rn]5f^{14}6d^17s^2$ |
| 34 | Se | $[Ar]3d^{10}4s^24p^4$ | 69 | Tm | $[Xe]4f^{13}6s^2$ | | | |
| 35 | Br | $[Ar]3d^{10}4s^24p^5$ | 70 | Yb | $[Xe]4d^{14}6s^2$ | | | |

ちょうど半分満たされた状態でも電子分布は球対称となる．ネオンのように殻が完全に充填されると原子は化学的に安定であり，事実，ネオンは貴（希）ガスの一種であり，化学的に安定で，化合物をつくらない．

表 2.3 のネオンまでの電子配置を拡張して，原子番号 103 のローレンシウム (Lr) までの電子配置を**表 2.4** に示す．軌道のエネルギー準位に従い，ナトリウム原子では，11 番目の電子が 3s 軌道を占めることになる．引き続き 3p 軌道，4s 軌道を電子が占め，スカンジウムになって初めて 3d 軌道に電子が入る．3d 軌道が満たされていく過程で，クロムと銅で変則が見られる．軌道のエネルギー準位に従えば，クロムでは，$[Ar]3d^4 4s^2$ となるはずであるが，実際には，$[Ar]3d^5 4s^1$ となる．これは，(1) 元々，4s と 3d のエネルギー差がわずかであること，(2) $3d^5$ では副殻が半充填の状態になり特別な安定化が起こる（電子の確率分布が球対称となる）こと，による．同様に，副殻が全充填となる $3d^{10}$ で特別な安定化が起こるため，銅は，$[Ar]3d^9 4s^2$ ではなく $[Ar]3d^{10} 4s^1$ という電子配置をとることになる．さらに原子番号の大きな元素になると，軌道のエネルギー準位の順番から外れる例外の数が多くなる．4f 軌道に電子が埋まっていくランタノイド元素がその例でり，これは 4f と 5d のエネルギー準位が接近しているためであるが，原子番号の大きな元素に対して，電子配置の詳細にこだわることはあまり意味のないことであろう．

## 演 習 問 題

**【1】** 以下の主量子数 $n$ と方位量子数 $l$ で示される軌道を，記号を用いて表せ．また，可能な磁気量子数 $m_l$ の値を示せ．
(1) $n=4, l=1$ (2) $n=5, l=3$ (3) $n=6, l=0$

**【2】** つぎの電子配置で示される原子はそれぞれなにか．
(1) $1s^2 2s$ (2) $1s^2 2s^2 2p^5$ (3) $1s^2 2s^2 2p^6 3s^2$ (4) $1s^2 2s^2 2p^6 3s^2 3p^6$

**【3】** (A1)〜(D4) に適当な記号または数値を入れて，基底状態の原子またはイオンに関する**表 2.5** を完成させよ．

表 2.5

| 元素 | (A) | (B) | (C) | (D) |
|---|---|---|---|---|
| 元素記号 | P | $V^{2+}$ | Te | (D1) |
| 原子番号 | 15 | (B1) | (C1) | 36 |
| 質量数 | (A1) | 51 | 128 | (D2) |
| 原子核中の中性子数 | 16 | 28 | (C2) | 48 |
| 周期の番号 | (A2) | 4 | (C3) | (D3) |
| 電子配置 | [Ne]$3s^23p^3$ | (B2) | (C4) | [Ar]$3d^{10}4s^24p^6$ |
| 不対電子数 | (A3) | (B3) | 2 | 0 |
| 周期表で1周期下の元素の原子番号 | (A4) | (B4) | 84 | (D4) |

【4】 つぎの原子およびイオンの基底状態における電子配置を書け。
(1) $_{10}$Ne  (2) $_{20}$Ca  (3) $_{22}$Ti  (4) $_{22}$Ti$^{2+}$  (5) $_{28}$Ni
(6) $_{28}$Ni$^{2+}$

【5】 クロム $_{24}$Cr および銅 $_{29}$Cu の電子配置の特異性について説明せよ。

【6】 水素原子の 3s, 3p, 3d 軌道の動径分布関数を，一つの図に相互の違いがわかるように描け。

【7】 基底状態においてつぎの電子配置をもつ元素の周期表での周期と族を答えよ。
(1) [Ar]$4s^2$  (2) [Kr]$4d^15s^2$  (3) [Ne]$3s^23p^6$  (4) [Xe]$4f^{14}5d^26s^2$
(5) [Kr]$4d^{10}5s^25p^1$

【8】 水素原子の 1s 電子に対する動径分布関数が最大値をとるときの $r$ が $a_0$（ボーア半径）となることを示せ。
ヒント 動径分布関数を $r$ について微分する。

【9】 水素原子の 1s 電子が核を中心とした半径 $a_0$（ボーア半径）の球の内部に見出される確率を求めよ。ただし，$\int x^2 e^{ax} dx = e^{ax}\left(x^2/a - 2x/a^2 + 2/a^3\right)$, $e^{-2} = 0.135$ である。
ヒント $4\pi r^2 \Psi_{1s}^2$ を 0 から $a_0$ まで積分する。

# 3章
# 原子の一般的性質

前章では，シュレディンガー方程式を水素原子に適用することにより，その原子構造を明らかにし，さらに，多電子原子に拡張して，それらの基底状態における電子配置を決定した。原子のもつ性質は，この電子配置により決定されるが，本章では，原子（元素）のもつ性質の周期性（periodicity）について解説する。

## 3.1 原子の電子配置と周期表

原子の構造や電子配置が知られる以前から，元素にはなんらかの規則性が存在することがわかっていたが，それをうまく説明するには至っていなかった。1869年にメンデレーエフは，元素の原子価やその化合物の形式に周期性があることを見出し，当時発見されていた63の元素を，性質の似通った元素のグループごとに，**原子量**（元素の1原子当りの平均質量を $^{12}_{6}C$ の質量の1/12で除した値，atomic weight）の大きくなる順に配列した。これが元素の**周期表**（periodic table）の始まりである。この周期表は化学的・物理学的性質が似通ったものどうしが並ぶように決められた規則（周期律）に従ってつくられているが，その後，新たな元素が発見され，メンデレーエフの周期表が改良されて，現在の周期表がつくられた。元素数は，2013年現在，118個まで増えている。**図3.1**に周期表の概略を示すとともに，本書の巻末にも掲載した。

現在の周期表は，元素が原子の原子番号の順に並んでいる。原子番号は原子核中の陽子の数に等しく，中性原子の原子核のまわりにある電子の数とも等し

3.1 原子の電子配置と周期表　37

| 周期＼族 | 1 | 2 | 3 | 4 | 5 | 6 | 7 | 8 | 9 | 10 | 11 | 12 | 13 | 14 | 15 | 16 | 17 | 18 |
|---|---|---|---|---|---|---|---|---|---|---|---|---|---|---|---|---|---|---|
| 第1 | ₁H | | | | | | | | | | | | | | | | | ₂He |
| 第2 | ₃Li | ₄Be | | | | | | | | | | | ₅B | ₆C | ₇N | ₈O | ₉F | ₁₀Ne |
| 第3 | ₁₁Na | ₁₂Mg | | | | | | | | | | | ₁₃Al | ₁₄Si | ₁₅P | ₁₆S | ₁₇Cl | ₁₈Ar |
| 第4 | ₁₉K | ₂₀Ca | ₂₁Sc | ₂₂Ti | ₂₃V | ₂₄Cr | ₂₅Mn | ₂₆Fe | ₂₇Co | ₂₈Ni | ₂₉Cu | ₃₀Zn | ₃₁Ga | ₃₂Ge | ₃₃As | ₃₄Se | ₃₅Br | ₃₆Kr |
| 第5 | ₃₇Rb | ₃₈Sr | ₃₉Y | ₄₀Zr | ₄₁Nb | ₄₂Mo | ₄₃Tc | ₄₄Ru | ₄₅Rh | ₄₆Pd | ₄₇Ag | ₄₈Cd | ₄₉In | ₅₀Sn | ₅₁Sb | ₅₂Te | ₅₃I | ₅₄Xe |
| 第6 | ₅₅Cs | ₅₆Ba | ランタノイド | ₇₂Hf | ₇₃Ta | ₇₄W | ₇₅Re | ₇₆Os | ₇₇Ir | ₇₈Pt | ₇₉Au | ₈₀Hg | ₈₁Tl | ₈₂Pb | ₈₃Bi | ₈₄Po | ₈₅At | ₈₆Rn |
| 第7 | ₈₇Fr | ₈₈Ra | アクチノイド | ₁₀₄Rf | ₁₀₅Db | ₁₀₆Sg | ₁₀₇Bh | ₁₀₈Hs | ₁₀₉Mt | ₁₁₀Ds | ₁₁₁Rg | ₁₁₂Cn | | | | | | |

第一遷移系列元素
第二遷移系列元素
第三遷移系列元素

| fブロック | | | | | | | | | | | | | | | |
|---|---|---|---|---|---|---|---|---|---|---|---|---|---|---|---|
| ランタノイド | ₅₇La | ₅₈Ce | ₅₉Pr | ₆₀Nd | ₆₁Pm | ₆₂Sm | ₆₃Eu | ₆₄Gd | ₆₅Tb | ₆₆Dy | ₆₇Ho | ₆₈Er | ₆₉Tm | ₇₀Yb | ₇₁Lu |
| アクチノイド | ₈₉Ac | ₉₀Th | ₉₁Pa | ₉₂U | ₉₃Np | ₉₄Pu | ₉₅Am | ₉₆Cm | ₉₇Bk | ₉₈Cf | ₉₉Es | ₁₀₀Fm | ₁₀₁Md | ₁₀₂No | ₁₀₃Lr |

図3.1　周期表と元素の分類

い。つまり，周期表を理解するには，原子核のまわりに電子がどのように配置されているか，電子が収容されている最も外側の殻，すなわち**最外殻**（outermost shell）の電子配置の周期的な変化を理解する必要がある。

　周期表において，横の行を**周期**（period）といい，現在のところ第1〜第7周期まである。この周期の番号は主量子数 $n$ と一致している。また，縦の列を**族**（group）といい，1〜18族に分類されている。同族の元素（**同族元素**と呼ぶ）は，最外殻の電子配置がたがいに似ているので，性質もまたたがいに似ている。以下に具体的な例を示す。

　1族元素の上の三つ（H, Li, Na）を例として考えてみる。これらの原子の電子配置は，H：$1s^1$，Li：[He]$2s^1$，Na：[Ne]$3s^1$ であり，最もエネルギーの高い電子はs軌道に1個入っている。つまり最外殻が $ns^1$ となっている。この最外殻電子（主量子数 $n$ が最大である軌道に入っている電子）は**価電子**（valence electron）と呼ばれ，原子の化学的性質を決める。

同様に，2族元素の上の二つ（Be, Mg）を考えてみる。これらの原子の電子配置は，Be：[He]$2s^2$，Mg：[Ne]$3s^2$であり，最外殻電子はs軌道に2個入っている。つまり最外殻が$ns^2$となっている。このように，1族元素と2族元素は，価電子が$ns$軌道（$n$は主量子数）だけに入っており，この領域の元素を**sブロック元素**と呼ぶ。なお，18族元素であるヘリウム（He）も，sブロック元素に含める。

周期表の右側に存在する13～18族の六つの族では，電子配置が$(ns)^2(np)^x$となり，いずれも価電子がs軌道とp軌道に入っている。p副殻の最外殻電子数は13族から順に1, 2, …, 6となり，$ns$軌道と$np$軌道が最外殻軌道となる。p軌道が満たされていくこのブロックの元素は，**pブロック元素**と呼ばれる。第1周期元素はp軌道に電子が入っていない（p軌道が存在しない）ので，このブロックは第2周期から始まる。

上述のsブロック（1～2族）とpブロック（13～18族）の元素のことを**典型元素**（representative element）と呼ぶ。典型元素では，最外殻の主量子数と周期の番号が一致している。水素を除く1族元素を**アルカリ金属**（alkali metal），ベリリウムとマグネシウムを除く2族元素を**アルカリ土類金属**（alkaline earth metal）と呼ぶ。価電子の入っている軌道（s軌道とp軌道）がすべて満たされている18族の元素は化学的に不活性で**貴（希）ガス**（noble (rare) gas）と呼ばれる。

一方，3～12族には，電子配置が$(n-1)d^x ns^2$となり，周期の番号より1小さな主量子数のd殻が満たされていく**dブロック元素**と，電子配置が$(n-2)f^x(n-1)d^{0(1)}ns^2$となり，最外殻の二つ内側のf殻が満たされていく**fブロック元素**がある。これらの元素を**遷移元素**と呼び，dブロック元素を**（主）遷移元素**（transition element），fブロック元素を**内部遷移元素**（inner transition element）と区別する。主遷移元素はさらに，第一遷移元素（第4周期の元素で3d殻が満たされていく$_{21}$Sc～$_{30}$Zn），第二遷移元素（第5周期の元素で4d殻が満たされていく$_{39}$Y～$_{48}$Cd），第三遷移元素（第6周期の元素で5d殻が満たされていく$_{57}$La，$_{72}$Hf～$_{80}$Hg），と分類される。また，fブロック元素

も，第6周期3族の**ランタノイド**（lanthanoid，略称 Ln：4f 殻が満たされていく $_{57}$La〜$_{71}$Lu），第7周期3族の**アクチノイド**（Actinoid，略称 An：5f 殻が満たされていく $_{89}$Ac〜$_{103}$Lr）に分類される．内部遷移金属では，内部殻の軌道 $(n-2)$f に電子が順次入るので，類似性はより著しい．ランタノイド元素にスカンジウム（Sc）とイットリウム（Y）を加えた元素群を**希土類元素**（rare earth element），ウランより原子番号の大きい元素を超ウラン元素 (transuranium element) と呼ぶ．超ウラン元素はすべて，人工的につくら

表3.1　周期表における分類と電子配置

| 族 | 電子配置 | 分類 | ブロック |
|---|---|---|---|
| 1族 | $ns^1$ | H，アルカリ金属（alkali metals） | s ブロック元素 |
| 2族 | $ns^2$ | Be, Mg, アルカリ土類金属 (alkaline earth metals) | |
| 3〜12族 | $(n-1)\mathrm{d}^x ns^{2*}$ | 主遷移金属（transition metals）<br>Sc〜Zn … 第一遷移系列<br>(first transition series)<br>Y〜Cd … 第二遷移系列<br>(second transition series)<br>La, Hf〜Hg … 第三遷移系列<br>(third transition series) | d ブロック元素 |
| | $(n-2)\mathrm{f}^{0-14}(n-1)\mathrm{d}^{0(1)}ns^{2*}$ | 内部遷移元素<br>(inner transition elements)<br>La〜Lu … ランタノイド元素<br>(lanthanoids)<br>Ac〜Lr … アクチノイド元素<br>(actinoids) | f ブロック元素 |
| 13族 | $ns^2np^1$ | ホウ素族元素（boron group） | p ブロック元素 |
| 14族 | $ns^2np^2$ | 炭素族元素（carbon group） | |
| 15族 | $ns^2np^3$ | 窒素族元素（pnictogens） | |
| 16族 | $ns^2np^4$ | 酸素族元素（chalcogens） | |
| 17族 | $ns^2np^5$ | ハロゲン元素（halogens） | |
| 18族 | $ns^2np^6$ | 貴（希）ガス元素<br>(noble (rare) gases) | |

\* 例外あり．
　典型元素（representative (typical) elements）… s ブロック元素 + p ブロック元素
　希土類元素（rare earth elements）… ランタノイド元素 + Sc + Y
　超ウラン元素（transuranium elements）… 原子番号が U より大きい元素（いずれも人工的につくられる）

た元素である。**表 3.1** に電子配置と分類をまとめて表示した。

## 3.2 原子半径とイオン半径

　原子の大きさは，**原子半径**（atomic radius）で表現される。原子を球形だと考え，原子の中心（原子核）から最外殻電子までの距離を原子半径という。しかし，実際には，電子は原子核のまわりに分布しており（電子雲），特定の距離を決めることはできない。実用的な原子の大きさは，他の原子がどこまで近づけるかで決定される。具体的には，共有結合をする原子では，同種の原子どうしが共有結合したときの結合距離の半分（**共有結合半径**），金属結合をする原子では同種の原子どうしが金属結合したときの結合距離の半分（**金属結合半径**）を原子半径とみなす。また，結合をつくらない貴ガス原子では，同種の原子どうしがファン・デル・ワールス力で結び付いたときの結合距離の半分（ファン・デル・ワールス半径）を原子半径と考える。なお，共有結合，金属結合，ファン・デル・ワールス力などに関しては 4 章以降を参照すること。

　**図 3.2** に原子半径を原子番号の順に並べたものを示す。周期表は，原子番号（陽子の数）の順に並んでいるため，原子の大きさも順に大きくなると思いがちであるが，同じ周期の元素を比べると，原子番号が大きくなっても原子が大きくなるわけではない。図から，つぎのような傾向が見られる。

(1)　同族元素では，周期表の下に行くほど，原子半径が大きくなる。
(2)　希ガス元素を除き，同周期元素では，周期表の右に行くほど，原子半径が小さくなる。

(1)については，周期表の下に行くにつれて，最外殻電子の主量子数 $n$ が増加すると最外殻電子が原子核から遠ざかることから容易に理解することができる。(2)を理解するために，まず，電子と核電荷の間の相互作用を説明する。電子は負電荷を有しているため，原子中において，正電荷を有する原子核から静電引力を受けている。1 電子系では，電子には核からの正電荷が直接届くが，多電子系では，原子核を覆う内側軌道の電子雲が原子核の正電荷 $Z$ の一

3.2　原子半径とイオン半径　41

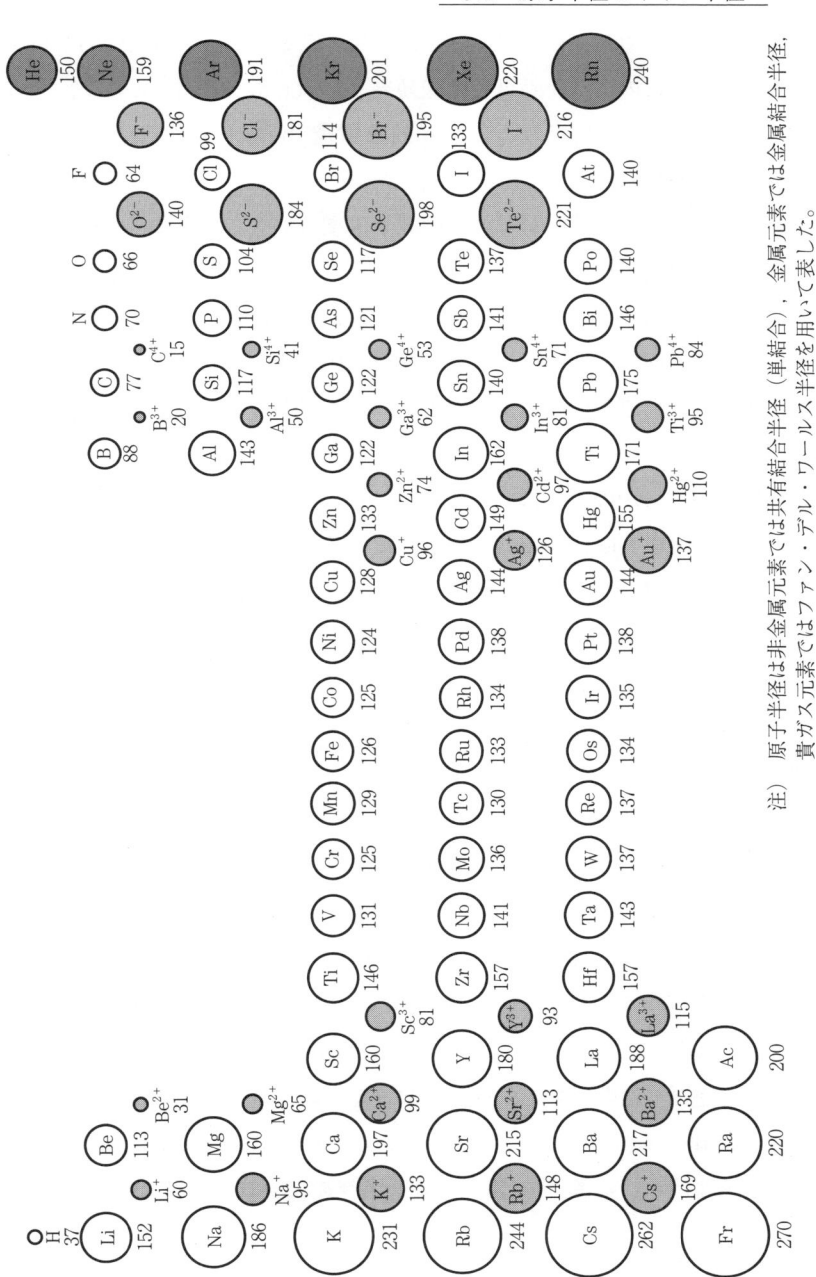

| 元素 | 原子半径 | イオン半径 |
|---|---|---|
| H | 37 | |
| He | 150 | |
| Li | 152 | Li$^+$ 60 |
| Be | 113 | Be$^{2+}$ 31 |
| B | 88 | B$^{3+}$ 20 |
| C | 77 | C$^{4+}$ 15 |
| N | 70 | |
| O | 66 | O$^{2-}$ 140 |
| F | 64 | F$^-$ 136 |
| Ne | 159 | |
| Na | 186 | Na$^+$ 95 |
| Mg | 160 | Mg$^{2+}$ 65 |
| Al | 143 | Al$^{3+}$ 50 |
| Si | 117 | Si$^{4+}$ 41 |
| P | 110 | |
| S | 104 | S$^{2-}$ 184 |
| Cl | 99 | Cl$^-$ 181 |
| Ar | 191 | |
| K | 231 | K$^+$ 133 |
| Ca | 197 | Ca$^{2+}$ 99 |
| Sc | 160 | Sc$^{3+}$ 81 |
| Ti | 146 | |
| V | 131 | |
| Cr | 125 | |
| Mn | 129 | |
| Fe | 126 | |
| Co | 125 | |
| Ni | 124 | |
| Cu | 128 | Cu$^+$ 96 |
| Zn | 133 | Zn$^{2+}$ 74 |
| Ga | 122 | Ga$^{3+}$ 62 |
| Ge | 122 | Ge$^{4+}$ 53 |
| As | 121 | |
| Se | 117 | Se$^{2-}$ 198 |
| Br | 114 | Br$^-$ 195 |
| Kr | 201 | |
| Rb | 244 | Rb$^+$ 148 |
| Sr | 215 | Sr$^{2+}$ 113 |
| Y | 180 | Y$^{3+}$ 93 |
| Zr | 157 | |
| Nb | 141 | |
| Mo | 136 | |
| Tc | 130 | |
| Ru | 133 | |
| Rh | 134 | |
| Pd | 138 | |
| Ag | 144 | Ag$^+$ 126 |
| Cd | 149 | Cd$^{2+}$ 97 |
| In | 162 | In$^{3+}$ 81 |
| Sn | 140 | Sn$^{4+}$ 71 |
| Sb | 141 | |
| Te | 137 | Te$^{2-}$ 221 |
| I | 133 | I$^-$ 216 |
| Xe | 220 | |
| Cs | 262 | Cs$^+$ 169 |
| Ba | 217 | Ba$^{2+}$ 135 |
| La | 188 | La$^{3+}$ 115 |
| Hf | 157 | |
| Ta | 143 | |
| W | 137 | |
| Re | 137 | |
| Os | 134 | |
| Ir | 135 | |
| Pt | 138 | |
| Au | 144 | Au$^+$ 137 |
| Hg | 155 | Hg$^{2+}$ 110 |
| Tl | 171 | Tl$^{3+}$ 95 |
| Pb | 175 | Pb$^{4+}$ 84 |
| Bi | 146 | |
| Po | 140 | |
| At | 140 | |
| Rn | 240 | |
| Fr | 270 | |
| Ra | 220 | |
| Ac | 200 | |

注）原子半径は非金属元素では共有結合半径（単結合），金属元素では金属結合半径，貴ガス元素ではファン・デル・ワールス半径を用いて表した。

**図 3.2**　原子およびイオンの半径 [pm]

部を中和し，打ち消すように作用するため，最外殻電子が感じる実効的な核電荷は軽減される。このような効果を**遮蔽効果**（screening effect）と呼び，その電子が感じる正味の核電荷のことを**有効核電荷**（effective nuclear charge, $Z_{\text{eff}}$）という。前述のように，電子配置によって，この遮蔽効果の度合いが変わり，原子核からの正電荷の影響の受け方が決まってくる。有効核電荷が大きい場合には最外殻電子は原子核に強く引き付けられ，原子半径は小さくなる。同周期元素の場合について考えると，原子核中の陽子数が増えると，核の正電荷が大きくなる。同一周期の場合には，遮蔽効果があまり変わらないため，有効核電荷が増大し，原子中の電子は原子核に強く引き付けられ，その結果，原子の大きさは小さくなることになる。

図 3.2 に，いくつかの原子について，それらがイオンになったときの半径，すなわち**イオン半径**（ionic radius）を示した。イオン半径とは，イオンを球とみなしたときのイオンの大きさを表し，異符号のイオンどうしがイオン結合（4 章 参照）により結合したときのイオン結晶の格子定数から求められる。イオン半径も原子半径と同様の周期的傾向を示すが，**価数**（電気素量単位で表したイオンの電荷）によって値が変化することに注意が必要である。同じ周期内では**陰イオン**（anion）の半径は常に**陽イオン**（cation）の半径よりも大きい。また，陽イオンの価数が増加するにつれて半径は減少する。これは，最外殻電子が少なくなるだけでなく，電子間の反発が小さくなるため，電子が原子核により強く引き付けられるからである。一方，電子を受け取り，陰イオンになると，イオン半径は大きくなる。周期表を同周期内で右に行くほどイオン半径が小さくなる典型例がランタノイド元素（f ブロック元素）に見られる。ランタノイド元素の場合は，右側に行くにつれて核電荷は増加するが，4f 電子による遮蔽効果が完全ではないので，外側の電子は内側に引き寄せられ，**ランタノイド収縮**（lauthanoid contraction）と呼ばれるイオン半径の減少が見られる。図 3.3 に示すように，4f 電子の数とイオン半径の関係に相関性が見られている。

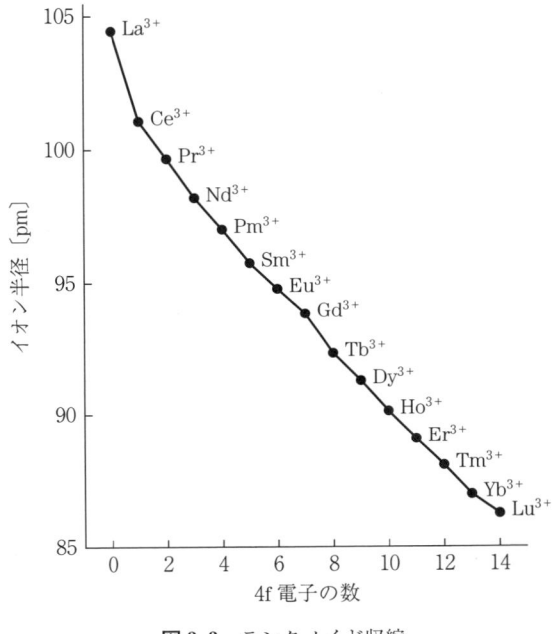

**図 3.3** ランタノイド収縮

## 3.3 元素の性質の周期性（イオン化エネルギー，電子親和力，電気陰性度）

　原子は他の原子と電子をやり取りして，最外殻の席を電子で埋めることにより，安定化しようとする。そのために，原子がマイナスの電荷をもつ電子を受け取ると，全体がマイナスの電荷をもった粒子となる。これを陰イオンという。それに対して，原子が他の原子に電子を渡すとプラスの電荷をもった粒子，陽イオンとなる。イオンへのなりやすさは，以下の二つの指標で表される。一つは，電子1個を渡して陽イオンになるときに必要なエネルギーを表わす「イオン化エネルギー」，もう一つは，電子1個を受け取って陰イオンになるときに放出されるエネルギー「電子親和力」である。以下に詳細を説明する。

## 3.3.1 イオン化エネルギー

基底状態にある気相原子 M(g)(g は気相を表す)から電子1個を取り去り,陽イオン $M^+(g)$ とするのに必要な最小のエネルギーを**イオン化エネルギー**(ionization energy, $IE$)という。つまり,原子核と電子の結合よりも強いエネルギーを電子に与えると,電子は原子から飛び出して,陽イオンとなる。この基底状態の電子配置から電子を取り去るのに必要なエネルギーがイオン化エネルギーである。このエネルギーの値が小さいほど,陽イオンになりやすいといえる。

$$M(g) \rightarrow M^+(g) + e^-(g) \quad (3.1)$$

基底状態の原子から電子1個を取り去るのに必要なエネルギーを,第一イオン化エネルギー($IE_1$),さらに2個目,3個目の電子を取り去るのに要するエネルギーを,それぞれ第二イオン化エネルギー($IE_2$),第三イオン化エネルギー($IE_3$)という。中性原子から2個の電子を取り去り,2価の陽イオンとするためには $IE_1 + IE_2$ のエネルギーが必要である。イオン化エネルギーはつねに正の値である。すなわち,中性原子を陽イオンとするためには,外部からエネルギーを加える必要がある。原子のイオン化エネルギーの小さい元素を電気的に陽性(electropositive)な元素という。典型元素のイオン化エネルギーの値を**表3.2**に示す。また,最初の20元素の第一イオン化エネルギーを**図3.4**に示す。表と図から,以下に示すような,一般的な傾向が見られる。

(1) 同一周期の元素では,周期表の右へ行くほど,イオン化エネルギーは増加する。

(2) 同一族内では,周期表の下へ行くほどイオン化エネルギーは減少する。

(1)では,前述の原子半径と同様の考え方で説明をすることができる。すなわち,他の電子による遮蔽効果が十分でないために,原子番号(核電荷)の増加とともに,有効核電荷が増大する。これにより,電子を取り去りづらくなり,イオン化エネルギーが増加する。ただし,図3.4において,第2周期のLi〜Ne に着目すると,$_4$Be → $_5$B, $_7$N → $_8$O のところで,一般的傾向と逆になっている。これらのイオン化エネルギー減少は電子配置によって説明することが

## 3.3 元素の性質の周期性（イオン化エネルギー,電子親和力,電気陰性度）

**表3.2** 典型元素のイオン化エネルギー

| H | | | | | | | He |
|---|---|---|---|---|---|---|---|
| 13.12 | | | | | | | 23.72 |
| | | | | | | | 52.49 |
| **Li** | **Be** | **B** | **C** | **N** | **O** | **F** | **Ne** |
| 5.20 | 8.99 | 8.01 | 10.86 | 14.02 | 13.13 | 16.81 | 20.8 |
| 72.96 | 17.57 | 24.27 | 23.52 | 28.56 | 33.89 | 33.74 | 39.52 |
| | | 36.59 | 46.21 | 45.78 | 53.00 | | |
| **Na** | **Mg** | **Al** | **Si** | **P** | **S** | **Cl** | **Ar** |
| 4.96 | 7.37 | 5.77 | 7.86 | 10.11 | 10.00 | 12.51 | 15.21 |
| 45.63 | 14.50 | 18.16 | 15.78 | 19.04 | 22.51 | 22.97 | 26.66 |
| | | 27.44 | 32.31 | 29.12 | 33.61 | 38.22 | 39.31 |
| **K** | **Ca** | **Ga** | **Ge** | **As** | **Se** | **Br** | **Kr** |
| 4.19 | 5.90 | 5.79 | 7.62 | 9.47 | 9.41 | 11.39 | 13.51 |
| 30.52 | 11.45 | 19.79 | 15.37 | 17.98 | 20.45 | 21.0 | 23.50 |
| 44.11 | | 29.63 | 33.02 | 27.35 | 29.74 | 34.7 | 35.65 |
| **Rb** | **Sr** | **In** | **Sn** | **Sb** | **Te** | **I** | **Xe** |
| 4.03 | 5.49 | 5.59 | 7.08 | 8.34 | 8.69 | 10.08 | 11.70 |
| 26.32 | 10.64 | 18.21 | 14.12 | 15.95 | 17.9 | 18.46 | 20.46 |
| | 42.07 | 27.04 | 29.43 | 24.4 | 26.98 | 31.8 | 31.0 |
| **Cs** | **Ba** | **Tl** | **Pb** | **Bi** | **Po** | **At** | **Rn** |
| 3.75 | 5.03 | 5.90 | 7.16 | 7.03 | 8.12 | 10.37 | 10.36 |
| 24.2 | 9.65 | 19.71 | 14.50 | 16.10 | | | |
| | | 28.78 | 30.82 | 24.66 | | | |
| | **Ra** | | | | | | |
| | 5.09 | | | | | | |
| | 9.79 | | | | | | |

注) 1段目・2段目・3段目の数値がそれぞれ第一・第二・第三イオン化エネルギー。
単位は〔$\times 10^2$ kJ/mol〕である。

できる。まず，ベリリウム（Be）の電子配置は [He]$2s^2$ であるのに対し，ホウ素（B）の電子配置は [He]$2s^2 2p^1$ である。Be では副殻が充填されているのに対し，B では 2p 軌道に電子が一つ入っており，これが比較的不安定であるため，イオン化エネルギーが小さくなる。一方，窒素（N）は [He]$2s^2 2p^3$，酸素（O）は [He]$2s^2 2p^4$ の電子配置をとり，酸素原子では，4個目の 2p 電子が三重に縮重した p 軌道のいずれかの軌道に異なる $m_s$ をもって入り，電子間の静電的な反発エネルギーが電子を不安定にしているため，イオン化エネルギーが窒

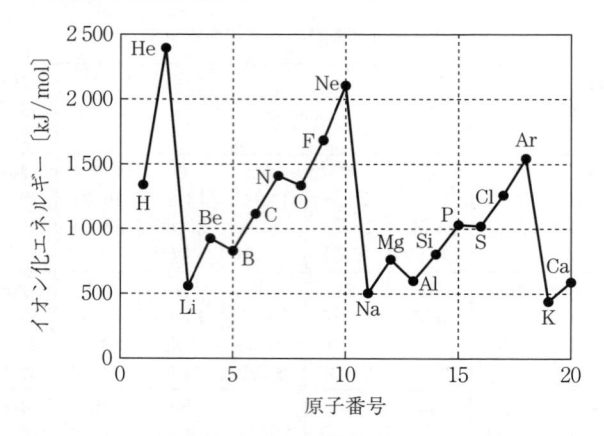

図 3.4 最初の 20 元素の第一イオン化エネルギー

素原子より小さくなる。この現象は，第 3 周期でも見られ，アルミニウム原子や硫黄原子のイオン化エネルギーは隣接する元素に比べて低くなる。

一方，(2)に関しては，周期表の周期が大きくなるにつれ，最外殻の主量子数 $n$ が増加して軌道エネルギーが上昇するため，イオン化エネルギーは小さくなる。遷移金属元素では，最外殻の電子のエネルギーは，原子番号によって大きく変化はしない。

アルカリ金属元素がイオン化する場合には 1 個，アルカリ土類金属元素がイオン化する場合には，2 個の電子を失って閉殻構造を形成する。それ以上の電子を取り去ろうとすると，イオン化エネルギーは極端に上昇する。また，d 軌道に電子をもつ遷移金属元素の場合には，電子の充填の順番と放出の順番が異なることに注意が必要である。電子が充填する際には，$(n-1)$ d 軌道よりも先に，$n$s 軌道に電子が入るが，イオン化の際には，$(n-1)$ d の電子の前に $n$s 電子を失う。例えば，$_{22}$Ti の電子配置は [Ar]3d$^2$4s$^2$ であるが，Ti$^{2+}$ の電子配置は [Ar]3d$^2$ となる。

### 3.3.2 電 子 親 和 力

気相にある基底状態の原子 X(g) が自由電子を受け取り，陰イオン X$^-$(g) と

なるとき放出されるエネルギーを**電子親和力**（electron affinity, *EA*）という。電子親和力が正の値を示すということは，X(g) の状態よりも X⁻(g) の状態のほうがより安定であることを示している。また，電子親和力が大きいほど，陰イオンになりやすいといえ，原子の電子親和力の大きい元素を電気的に陰性（electronegative）な元素という。

$$X(g) + e^-(g) \rightarrow X^-(g) \tag{3.2}$$

式(3.2)で表されるように，X(g) に対し，1個の電子を加える際に放出されるエネルギーは第一電子親和力と呼ばれ，正負いずれの値も取り得る。一方，もう1個電子を加える際のエネルギー（第二電子親和力）は，負のイオンに電子がさらに加わるために反発力が働き，必ず負の値となる。**表3.3**に典型元素の電子親和力の値を示す。電子親和力の周期性は複雑であるが，2族，18族の元素はすべて負の値であるのに対し，17族の元素は同周期の元素の中で一番大きい正の値であるなどの周期性が見られる。2族と18族の原子は，s軌道とp軌道がすべて充填された閉殻構造である。さらに電子を1個受け取ると，より高いエネルギー準位に電子が入ることになる。一方，17族の原子では，もう1個電子を受け取ることにより，閉殻構造をとり，安定化するため，電子親和力は正の値となる。表には示していないが，12族で電子親和力が負の値をとる

**表3.3** 典型元素の電子親和力

| H<br>0.727 | | | | | | | He<br>−0.48 |
|---|---|---|---|---|---|---|---|
| Li<br>0.596 | Be<br>−0.48 | B<br>0.267 | C<br>1.219 | N<br>−0.068 | O<br>1.41<br>−8.44* | F<br>3.28 | Ne<br>−1.16 |
| Na<br>0.529 | Mg<br>−0.39 | Al<br>0.425 | Si<br>1.337 | P<br>0.721 | S<br>2.004<br>−5.32* | Cl<br>3.490 | Ar<br>−0.97 |
| K<br>0.484 | Ca<br>−0.29 | Ga<br>0.29 | Ge<br>1.16 | As<br>0.78 | Se<br>1.950 | Br<br>3.247 | Kr<br>−0.97 |
| Rb<br>0.469 | Sr<br>−0.29 | In<br>0.29 | Sn<br>1.16 | Sb<br>1.03 | Te<br>1.902 | I<br>2.951 | Xe<br>−0.77 |

\* 1価陰イオンの電子親和力である。
注）　単位は〔×10² kJ/mol〕である。

ことや，11族で電子親和力が正の値になるのも同様の考え方で説明ができる。

ここで，第2周期に着目すると，17族のフッ素原子の電子親和力が最大値 328 kJ/mol である。これはフッ化物イオン $F^-$ の最外殻電子の安定化のエネルギーに相当する。第2周期の左側の族では陰イオンの電子の安定化は小さくなり，窒素原子では安定化はほとんどゼロとなる。一般に同じ周期では18族の希ガスを除いて，右側へ行くほど電子親和力は大きくなり，同じ族では周期表の下へ行くほど小さくなる傾向がある。総じて，原子番号 $Z$ の元素の電子親和力と原子番号 $Z+1$ の元素のイオン化エネルギーがほぼ平行的な周期性を示す。これは，ある原子の電子親和力がその陰イオンのイオン化エネルギーに等しいためである

### 3.3.3 電気陰性度

上述のイオン化エネルギーと電子親和力とともに，元素がもつ重要な性質に**電気陰性度**（electronegativity, $\chi$）がある。電気陰性度は，化学結合をつくる際に，結合に関わる電子を引き付ける能力を示した尺度である。化学結合の電荷の偏り，すなわち極性を求めるのに大事な指標となる。一方，電気陰性度は直接測定することができないため，相対的な指標である。一般に，二つの原子 A と B の間に形成される結合は純粋な共有結合 A-B と純粋なイオン結合 $A^-B^+$ の間にある。ポーリング（Pauling）は，電気陰性度が異なる原子間の結合では，共有電子対（4章 参照）が一方の原子に偏ったイオン結合性が現れるとの考えに基づいて，電気陰性度の尺度を1932年に提案した。

$$\text{ポーリングの電気陰性度} \quad 96.5 \times |\chi_A - \chi_B|^2 = D_{A-B} - \frac{D_{A-A} + D_{B-B}}{2} \quad (3.3)$$

ここで $\chi_A$ と $\chi_B$ は原子 A と B の電気陰性度，$D_{A-A}$, $D_{B-B}$, $D_{A-B}$ はそれぞれ分子 $A_2$, $B_2$, AB の実際の結合エネルギー（4章 参照）である。$(D_{A-A} + D_{B-B})/2$ は，AB の結合が100％共有結合だと考えたときの AB の結合エネルギー（$D^*_{A-B}$）で，それが分子 $A_2$ と $B_2$ の結合エネルギーの算術平均に等しいことが仮定されている。すなわち，式(3.3)の右辺は，分子 AB の実際の結合エネル

## 3.3 元素の性質の周期性(イオン化エネルギー,電子親和力,電気陰性度)

ギーと 100%共有結合だと考えたときの結合エネルギーの差,つまり,イオン結合性による寄与 $\varDelta$ (**共鳴エネルギー**,resonance energy)を表している。ポーリングはこの共鳴エネルギーが二つの原子 A と B の電気陰性度の差の2乗に比例しているとしている。共鳴エネルギーは正の値でなくてはならないが,$D^*_{A-B}$ の計算に分子 $A_2$ と $B_2$ の結合エネルギーの算術平均を使うと負になってしまうことがある。そこで,$D^*_{A-B}$ の計算法として,算術平均ではなく,幾何平均を用いることが推奨されている。

$$D^*_{A-B} = \sqrt{D_{A-A} \times D_{B-B}} \tag{3.4}$$

分子 AB の結合エネルギーの実測値 $D_{A-B}$ は,$\varDelta$(共鳴エネルギー)分だけ $D^*_{A-B}$ より大きく

$$\varDelta = D_{A-B} - D^*_{A-B} = D_{A-B} - \sqrt{D_{A-A} \times D_{B-B}} \tag{3.5}$$

となり,これが,2原子の電気陰性度の差の2乗に 96.5 を掛けたものになる。ポーリングの電気陰性度の定義では,電気陰性度の差しか求められないが,一つの原子の電気陰性度にある値を与えれば,他元素の電気陰性度もすべて相対的に求まる。実際には,フッ素の電気陰性度の値を 4.0 としている。

一方,マリケン(Mulliken)は 1934 年に電気陰性度 $\chi$ を電子親和力 $EA$ とイオン化エネルギー $IE$ の算術平均で表した。

$$\text{マリケンの電気陰性度} \quad \chi_M = \frac{IE + EA}{2 \times 96.5} \tag{3.6}$$

イオン化エネルギーは約 400〜2 500 kJ/mol の範囲,電子親和力は約 −200〜400 kJ/mol の範囲にあり,$EA$ の絶対値は $IE$ の約 1/10 以下であるため,電気陰性度はイオン化エネルギーに大きく依存する。**表3.4**にマリケンとポーリングの電気陰性度の値を示す。マリケンの電気陰性度 $\chi_M$ とポーリングの電気陰性度 $\chi_P$ にはよい相関があり,おおよそ式(3.7)のように表すことができる。

$$\chi_P = 1.35\sqrt{\chi_M} - 1.37 \tag{3.7}$$

表からわかるように,下記のような一般的な傾向がある。

(1) 同一周期では,原子番号の増加とともに,電気陰性度が増加する。
(2) 同族では,周期表の下に行くほど,電気陰性度は減少する。

## 3. 原子の一般的性質

**表3.4** 典型元素の電気陰性度

| | | | | | | | |
|---|---|---|---|---|---|---|---|
| **H** 2.1 | | | | | | | **He** |
| **Li** 1.0 1.2 | **Be** 1.5 1.9 | **B** 2.0 1.8 | **C** 2.5 2.6 | **N** 3.0 3.0 | **O** 3.5 3.2 | **F** 4.0 4.4 | **Ne** 4.6 |
| **Na** 0.9 1.2 | **Mg** 1.2 1.6 | **Al** 1.5 1.3 | **Si** 1.8 2.0 | **P** 2.1 2.3 | **S** 2.5 2.6 | **Cl** 3.0 3.5 | **Ar** 3.36 |
| **K** 0.8 1.0 | **Ca** 1.0 1.3 | **Ga** 1.6 1.3 | **Ge** 1.8 1.9 | **As** 2.0 2.2 | **Se** 2.4 2.5 | **Br** 2.8 3.2 | **Kr** 2.98 |
| **Rb** 0.8 0.9 | **Sr** 1.0 1.2 | **In** 1.7 1.3 | **Sn** 1.8 1.8 | **Sb** 1.9 2.1 | **Te** 2.1 2.3 | **I** 2.5 2.8 | **Xe** 2.59 |
| **Cs** 0.7 | **Ba** 0.9 | **Tl** 1.8 | **Pb** 1.8 | **Bi** 1.9 | | | |

注) 上段はポーリングの値,下段は尺度を合わせたマリケンの値.

(3) 小さい原子は大きい原子より電子を引き付けやすいので,電気陰性度が大きい.

(4) 金属元素の値は小さく,非金属元素では大きい.最大値はフッ素の4.0である.

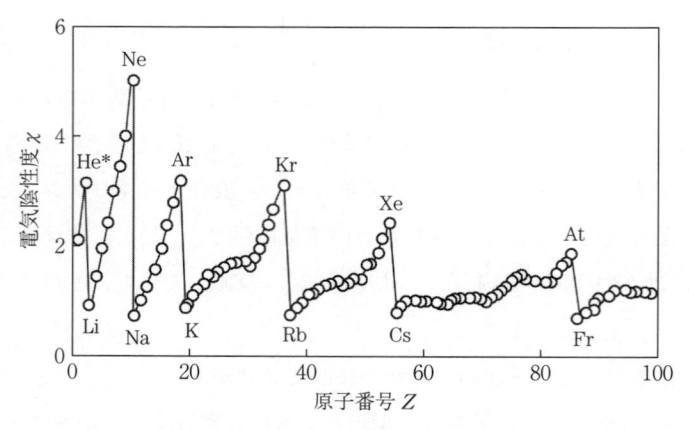

**図3.5** 電気陰性度と原子番号の相関図(貴ガスについてはマリケンの値,Heについては推定値)

図3.5に電気陰性度と原子番号の関連を示した。電気陰性度の傾向は，原子半径やイオン化エネルギーの傾向とよく類似していることがわかる。周期表で右に行くほど，主量子数 $n$ が小さいほど，原子半径が小さく，イオン化エネルギーは大きくなり，電気陰性度が大きくなる傾向にある。イオン化エネルギーに見られるような変則がなくなり，電気陰性度はスムーズな周期性を示す。

## 演 習 問 題

【1】 ボーアの水素原子モデルに基づくと，水素の原子半径とはどのようなものであると考えられるか。

【2】 同じ周期および同じ族の元素について，共有結合半径変化の一般的な傾向を述べ，その理由を説明せよ。

【3】 同じ周期および同じ族の元素について，第一イオン化エネルギー変化の一般的傾向を述べ，その理由を説明せよ。

【4】 第一イオン化エネルギーの原子番号に対する変化について，Be → B，N → O のところで一般的な傾向と逆になっている。この理由を述べよ。

【5】 下に示す電子配置をもつ原子 A，B，C がある。最大の第三イオン化エネルギーをもつ原子を示し，最大となる理由を説明せよ。
A = [Ne]$3s^2$, B = [Ne]$3s^23p^4$, C = [Ne]$3s^23p^6$

【6】 $_3$Li～$_{20}$Ca の第二イオン化エネルギーには，どのような周期性が予想されるか。

【7】 ナトリウム原子 Na とフッ素原子 F についてつぎの反応のうち，どちらが起こりやすいかをイオン化エネルギーと電子親和力から説明せよ。

$$Na + F \rightarrow Na^+ + F^- \qquad (a)$$
$$Na + F \rightarrow Na^- + F^+ \qquad (b)$$

ヒント 必要となるエネルギーは，イオン化エネルギー $IE$ と電子親和力 $EA$ の差。

【8】 HF 分子における H の電気陰性度 $\chi_H$ を計算せよ。ただし，$D_{H-H} = 436$ kJ/mol，$D_{F-F} = 153$ kJ/mol，$D_{H-F} = 563$ kJ/mol，$\chi_F = 4.0$ である。

# 4章 化学結合

　物質を構成する原子，分子およびイオンの間には，さまざまな**化学結合**（chemical bond）が存在し，それらの結合の強さによって物質の状態や性質は大きく異なってくる。原子間での化学結合は電気的に陽性および陰性の元素間で形成されるが，それらの様式は大別してイオン結合，金属結合および共有結合に分けることができる。それらをまとめて表4.1に示す。電気的に陽性の元素と陰性の元素間に形成されるのはイオン結合，陽性元素どうしの間で形成されるのが金属結合，そして陰性元素どうしの間で形成されるのが共有結合である。原子が化学結合するのは，原子は個々に存在しているときよりも，形成された分子や結晶中のほうが安定なためである。すなわち，分子や結晶を形成する過程は，エネルギー的に有利な過程である。本章では，原子，分子およびイオンの化学結合の様式を電子配置と関連づけて説明する。

表4.1　各種化学結合の様式

| 元素 | 元素 | 結合 |
|---|---|---|
| 陽性 | 陰性 | イオン結合 (ionic bond) |
| 陽性 | 陽性 | 金属結合 (metallic bond) |
| 陰性 | 陰性 | 共有結合 (covalent bond) |

## 4.1 イオン結合

### 4.1.1 イオン結合の形成

電気的に陽性な元素と陰性な元素とがイオンとなり,静電的な力で結合すると化合物が形成される。このような静電的なクーロン力による結合を**イオン結合**(ionic bond)と呼ぶ。ここでは,典型的な例として塩化ナトリウム(NaCl)を基に説明する(**図 4.1**)。$_{11}$Na, $_{17}$Cl の電子配置はそれぞれ,$1s^22s^22p^63s^1$, $1s^22s^22p^63s^23p^5$ である。Na は,最外殻にある 3s 軌道の電子を 1 個放出して,貴ガス元素である Ne の電子配置をとりやすい。一方,$_{17}$Cl の 3p 軌道は電子が 1 個不足しており,この場所に電子が満たされれば,貴ガス元素である Ar と同様に安定な構造をとることができる。そのため,Na と Cl の間で 1 個の電子を授受することによって,それぞれ Na$^+$ と Cl$^-$ が形成される(図 4.1 (1))。こ

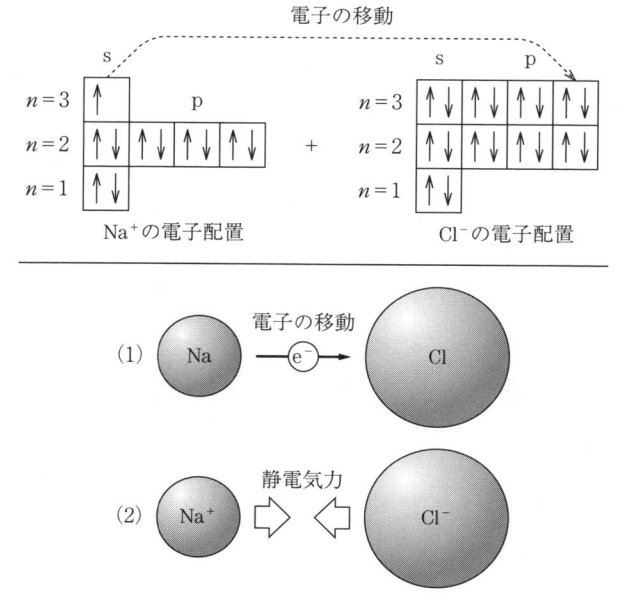

図 4.1 Na$^+$ と Cl$^-$ との間でのイオン結合の形成

れらの $Na^+$ と $Cl^-$ の間には静電的な引力が働き，両イオンはたがいに接近し，ついには NaCl が形成される（図4.1 (2)）。

$$Na \rightarrow Na^+ + e^- \tag{4.1}$$

$$Cl + e^- \rightarrow Cl^- \tag{4.2}$$

$$Na^+ + Cl^- \rightarrow NaCl \tag{4.3}$$

ここで，無限大の距離にあった $Na^+$ と $Cl^-$ が接近して，NaCl が形成する過程をエネルギーの点から見てみよう。**図4.2** に示したように，両イオンの核間距離が無限大にあった場合には，エネルギーはゼロであるが，両イオンの接近に伴って引力が働き始める。同時に，両イオンの間には反発力も働くが，無限大の距離から核間距離が 0.282 nm まで引力のほうが斥力に勝り，結合が強化される。エネルギーは核間距離が 0.282 nm において極小となるが，この距離が両イオンの平均的な結合距離（bond distance）となる。また，この安定化した分のエネルギーが**結合エネルギー**（binding energy）である。一方，両イオンの核間距離が 0.282 nm よりも短くなると，斥力が引力を上回るようになり，両イオン間の力は反発力に変わっていく。

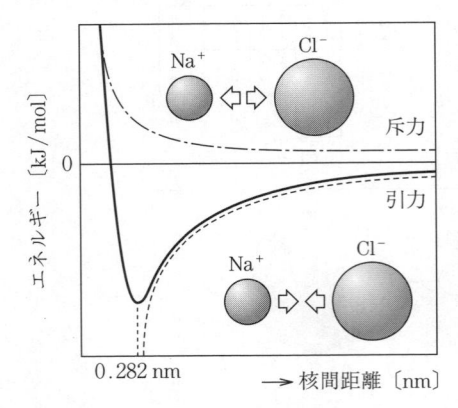

**図4.2** $Na^+$ と $Cl^-$ の接近による NaCl の形成

**図4.3** NaCl の電子密度分布

$Na^+$ と $Cl^-$ の間では電子の授受によってイオン結合が形成されるが，この間の結合は各イオンの最外殻の電子の授受によって起こる。すなわち，Na の場合には 3s 軌道，また Cl の場合は 3p 軌道における電子の授受であり，エネル

ギー準位の近い主量子数 $n=3$ の電子によって授受が行われる。NaCl の結合が形成されたあとの電子密度分布を**図 4.3** に示す。前述のように $Na^+$ と $Cl^-$ との間の結合は最外殻の電子の授受であるため，電子密度は両イオン間にも存在する。しかしながら，電子の授受を行った最外殻付近の電子密度と異なり，それよりも内側の殻の電子密度はほぼ一定であり，結合の影響が内殻（inner shell）にほとんど及んでいないことがわかる。このように，両イオンの結合が最外殻に限られたものであり，最外殻を除く内殻にまで影響が及んでいないことは両イオンのイオン半径からも推定できる。すなわち，$Na^+$ のイオン半径は 0.095 nm，また $Cl^-$ のイオン半径は 0.181 nm であり，両イオン半径を加算すると 0.276 nm となるが，この値は前述のエネルギーの極小値を示した 0.282 nm とほとんど変わらない。

### 4.1.2 イオン結晶の種類と特徴

原子またはイオンが規則正しく配列された固体物質を**結晶**（crystal）という。また，結晶を構成する原子，分子あるいはイオンが規則正しく配列した構造を**結晶格子**（crystal lattice）といい，イオンからできている結晶格子を**イオン格子**（ionic lattice）という。イオン結合でできた化合物，言い換えれば，陽イオンと陰イオンが規則正しく結合・配列してできた結晶を**イオン結晶**（ionic crystal）という。結晶の最小構造単位は，**単位胞**（unit cell）または**単位格子**（unit lattice）である。1 種類の単位格子が繰り返された結晶が**単結晶**（single crystal），単結晶の集合体が多結晶（polycrystal），さらに多結晶の集合体が粉体（または粉末（powder））である。

イオン結晶は，陽イオンと陰イオンの結合力が大きいことから，一般的に結晶は硬く，融点は高い。また，イオン結晶は電気を通しにくいが，結晶が融解してできた液体や，水に溶かした水溶液の場合には，陽イオンおよび陰イオンが結合の束縛から解き放されて自由に移動することが可能になるため，電気を通すようになる。

これまで述べてきた NaCl を含めてイオン結合を有する結晶の種類は多い。

本項では，代表的なイオン結晶である塩化ナトリウム（NaCl）型結晶，塩化セシウム（CsCl）型結晶およびフッ化カルシウム（$CaF_2$）型結晶について，各結晶の構造と特徴を説明する。

NaCl はそれぞれのイオンが**面心立方格子**（face-centered cubic lattice, fcc）を構成しており，たがいに八面体の空隙を埋める形で，$Na^+$ と $Cl^-$ が交互に，しかも立体的に配列して結晶をつくっている（**図 4.4**）。ここで，1 個の $Na^+$ に着目すると，$Na^+$ の最も近いところに，6 個の $Cl^-$ が存在している。同じように $Cl^-$ 側から見ると 6 個の $Na^+$ が配列している。それぞれのイオンに着目したとき，それらの最も近くに存在するイオン（原子）の数は**配位数**（coordination number）と呼ばれる。NaCl の場合，$Na^+$，$Cl^-$ の配位数は共に 6 である。

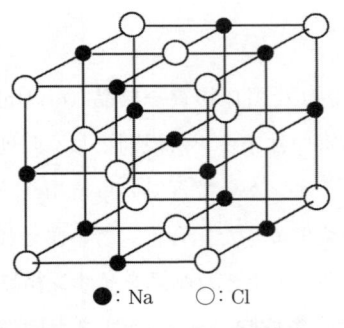

●: Na　○: Cl

**図 4.4** NaCl の面心立方構造

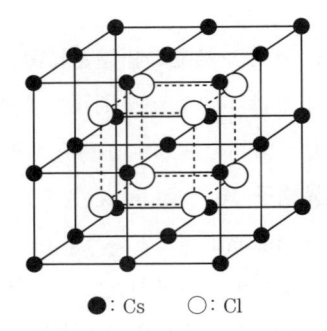

●: Cs　○: Cl

**図 4.5** CsCl の体心立方構造

CsCl では，それぞれのイオンが**単純立方格子**（simple cubic lattice）を形成し，たがいにたがいの単純立方格子の中心に位置するよう配列している。全体としては**体心立方格子**（body-centered cubic lattice, bcc）を形成している（**図 4.5**）。1 個の $Cs^+$ に最も近いところには 8 個の $Cl^-$ が，また，1 個の $Cl^-$ に最も近いところを 8 個の $Cs^+$ が存在しており，配位数は共に 8 である。

$CaF_2$ の結晶はホタル石とも呼ばれる。$CaF_2$ の結晶では，$Ca^{2+}$ が面心立方格子を構成し，四つの $Ca^{2+}$ でつくられる四面体の空隙を $F^-$ が埋めている。1 個の $Ca^{2+}$ に最も近い所に 8 個の $F^-$ が存在し，1 個の $F^-$ に最も近い所に 4 個の

$Ca^{2+}$が存在している（図4.6）。すなわち，$Ca^{2+}$の配位数は8，$F^-$の配位数は4である。この構造は，前述のCsCl型からCs原子を一つおきに取り去った構造と一致している。

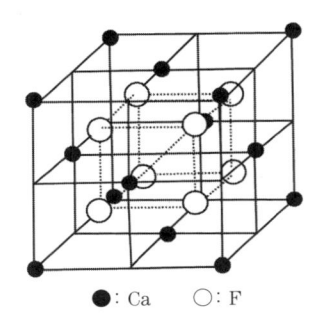

図4.6 $CaF_2$の結晶格子
●: Ca ○: F

### 4.1.3 限界半径比

イオン結合は，陽性の原子が電子を放出し，それらの電子を陰性の原子が受け取ることにより形成される，いわゆるクーロン力による結合なので，たがいの引力が斥力を上回る距離まで陽イオン，陰イオンはできるだけ接近しようとする。ある陽イオン（$A^+$）のまわりを取り囲む反対符号のイオン（陰イオン，$X^-$）の数は多ければ多いほど安定化は大きいが，$A^+$を$X^-$が安定に取り囲むことができるかどうかは，$A^+$と$X^-$の大きさ（半径）の比が関係している。結晶格子について同種電荷のイオンどうしが接触しない半径比を**限界半径比**（critical radius ratio）という。$A^+$と$X^-$の大きさの違いによるイオンの配置の例を**図4.7**に示す。$X^-$の間を$A^+$が隙間なく充填すると，結晶は密充填の状態を形成する。この場合，陽イオン（$A^+$）と陰イオン（$X^-$）がたがいに密接に接するため，構造は安定ではない（図(a)）。$A^+$のイオン半径が大きい場合には，$X^-$のイオン間に隙間が形成されるが，陽イオン（$A^+$）と陰イオン（$X^-$）は同じイオン種どうしが接することがなく，反対符号の陽イオンと陰イオンが接しているので安定である（図(b)）。逆に，$X^-$のイオン半径が$A^+$のイオン半径よりもかなり大きいと，$A^+$イオンと$X^-$イオンは直接接触せず$A^+$イオン

58　4. 化 学 結 合

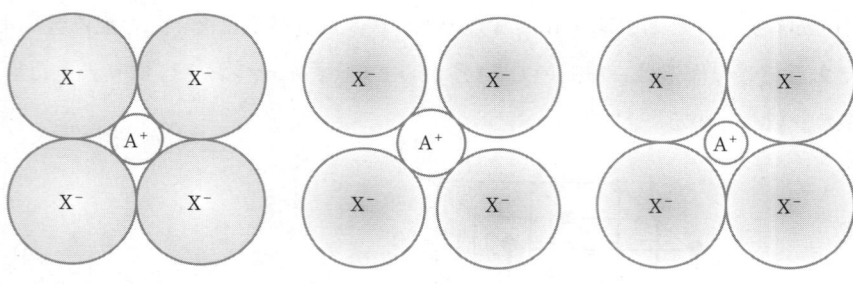

（a）4個のX⁻間にA⁺が隙間なく配置

（b）A⁺が大きいためにX⁻間に隙間が存在

（c）A⁺が小さいために，A⁺とX⁻の間に隙間が存在

**図 4.7**　正負イオンの大きさと可能な $A^+$ と $X^-$ の配置

の周辺に空間が存在するが，この場合には$X^-$のイオンどうしがたがいに接することになり，同種イオンの反発により結晶構造を安定に保つことができない（図(c)）。以下，具体的な限界イオン半径比を計算してみよう。

まず，NaCl型結晶格子（6配位）の限界イオン半径について述べる。NaCl型結晶格子の模式図を**図 4.8** に示す。なお，図は計算をやさしくするため，陽イオンを小さめにして，陰イオンどうしがたがいに接するように描いてある。$Na^+$，$Cl^-$の半径をそれぞれ $r^+$, $r^-$ とすると，図で，$\overline{AC}^2 = \overline{AB}^2 + \overline{BC}^2$，$\overline{AC} = 4r^-$，および $\overline{AB} = \overline{BC} = 2(r^+ + r^-)$ であるから，$(4r^-)^2 = 2\{2(r^+ + r^-)\}^2$ の関係が得られ，これより

$$\frac{r^+}{r^-} = \sqrt{2} - 1 \cong 0.414$$

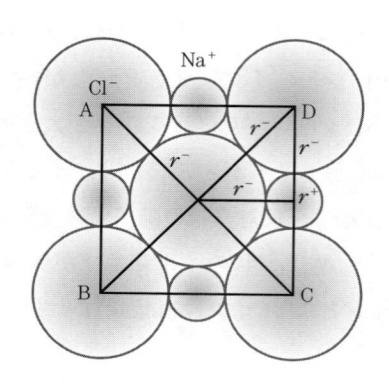

**図 4.8**　NaCl 型結晶の最も密充填したときの模式図

となる。この $r^-$ の値は，最大値を基に計算したものであるから，$r^+/r^-$ の値が示す範囲は $r^+/r^- \geqq 0.414$ となる。実際の NaCl 結晶では，$r^+ = 0.095\,\mathrm{nm}$，$r^- = 0.181\,\mathrm{nm}$ であるから，$r^+/r^- = 0.525$ となり，条件を満たしている。

CsCl 型結晶格子（8 配位）の限界イオン半径についても同様に計算することができる。計算結果は，以下のようになる。

$$\frac{r^+}{r^-} = \sqrt{3} - 1 \cong 0.732$$

この $r^-$ の値は，最大値を基に計算したものであるから，$r^+/r^-$ の値が示す範囲は $r^+/r^- \geqq 0.732$ となる。$\mathrm{Cs}^+$ のイオン半径 $r^+$ は $0.169\,\mathrm{nm}$，$\mathrm{Cl}^-$ のイオン半径 $r^-$ は $0.181\,\mathrm{nm}$ であるから，この場合の $r^+/r^-$ 値は $0.934$ となり，条件を満たしている。

なお，NaCl 型結晶の $r^+/r^-$ 比が増加すると，CsCl 型構造に変化することから，NaCl 型結晶は $0.414 \leqq r^+/r^- < 0.732$ の範囲にあることがわかる。

イオン結晶には，これらの配位数をもつ化合物の他に，3 配位と 4 配位をもつ化合物も存在する。3 配位の密充填状態における $r^+/r^-$ 比は $(2/3)\sqrt{3} - 1$（$= 0.155$），4 配位の場合には $\sqrt{3/2} - 1$（$= 0.225$）となる。これらすべての配位数をまとめて**表 4.2** に示す。

表 4.2　結晶の配位数と限界半径比との関係

| 配位数 | 半　径　比 | 球の充填状態 |
|---|---|---|
| 3 | 0.155〜0.225 | 三方 |
| 4 | 0.225〜0.414 | 四面体 |
| 6 | 0.414〜0.732 | 八面体 |
| 8 | 0.732〜1.000 | 体心立方 |

なお，上述の例では，陰イオンのほうが陽イオンより大きいため，$r^+/r^-$ 比を考えたが，逆の場合には，$r^-/r^+$ 比で考えればよい。

### 4.1.4　イオン結晶の結合エネルギー

金属と非金属が反応してイオン化合物（イオン結晶）が生成する際のエネルギー論は，**ボルン・ハーバーサイクル**（Born-Haber cycle）を用いて議論され

る。その中で，重要なエネルギー項が**結晶格子エネルギー**（crystal lattice energy），あるいは単に**格子エネルギー**（lattice energy）と呼ばれるものである。

〔1〕 **格子エネルギー**　格子エネルギー $U_0$ は，気相状態，すなわちいずれも引力や斥力を受けない無限遠にある状態にある原子，分子あるいはイオンが集合し，固相の状態の結晶格子 1 mol を構成するときに放出されるエネルギーと定義される。逆に，格子エネルギーは，格子を形成しているイオンを無限の距離まで離すのに要するエネルギーとみなすことができる。格子エネルギーは，イオン化エネルギー，電子親和力，構成成分を原子化するのに要する熱エネルギーなどの総和である。格子エネルギーを表す式に，**ボルン・ランデ**（Born-Landé）**の式**がある。

距離 $r_{ij}$ だけ離れた格子点にある価数 $z_i$ と $z_j$ のイオン間に働くクーロン相互作用エネルギー $E_{ij}$ は，真空の誘電率を $\varepsilon_0$, $e$ を電気素量とすると，以下のように表される。

$$E_{ij} = \frac{z_i z_j e^2}{4\pi\varepsilon_0 r_{ij}} \tag{4.4}$$

$r$ を最隣接距離とすると，1個のイオンに関して

$$E_{ij} = \frac{z_i z_j e^2 A}{4\pi\varepsilon_0 r} \tag{4.5}$$

と表すことができる。ここで，$A$ は**マーデルング定数**（Madelung constant）と呼ばれる定数である。マーデルング定数は結晶構造にだけ依存し，イオンの種類に依存しない。

マーデルング定数を求める具体例として，NaCl の結晶の場合を考えてみると，$z_i(\text{Na}^+) = 1$, $z_j(\text{Cl}^-) = -1$ である。$\text{Na}^+$ に着目すると，$r$ の距離に6個の $\text{Cl}^-$, $\sqrt{2}\,r$ の距離に12個の $\text{Na}^+$, $\sqrt{3}\,r$ の距離に8個の $\text{Cl}^-$, 以下格子点間の距離が広がるとともに，以下のような関係が成り立つ。

$$E_{ij} = -\frac{e^2}{4\pi\varepsilon_0 r}\left(\frac{6}{1} - \frac{12}{\sqrt{2}} + \frac{8}{\sqrt{3}} - \frac{6}{\sqrt{4}} + \cdots\right) = -\frac{e^2 A}{4\pi\varepsilon_0 r} \tag{4.6}$$

式(4.6)のかっこ内がマーデルング定数となる。NaCl型結晶構造のマーデルング定数の値は1.747 558となる。

1モルの結晶の全静電エネルギー $E_c$ は**アボガドロ定数**（Avogadro's number）を $N_A$ として，以下のように表すことができる。

$$E_c = \frac{z_i z_j e^2 A N_A}{4\pi\varepsilon_0 r} \tag{4.7}$$

一方，非静電的で，最隣接イオン間だけに働く反発のエネルギー $E_r$ は

$$E_r = \frac{B}{r^n} \tag{4.8}$$

で与えられるとする。$n$ は**ボルン指数**（Born exponent），$B$ は正の定数である。$n$ はイオンにより，5から12の値をとる。例えば，$n(\text{Li}^+)=5$，$n(\text{Na}^+)=7$，$n(\text{Ca}^{2+})=9$，$n(\text{O}^{2-})=7$ および $n(\text{Cl}^-)=9$ である。

1モルの結晶の全エネルギー $E$ は式(4.9)で与えられる。

$$E = \frac{z_i z_j e^2 A N_A}{4\pi\varepsilon_0 r} + \frac{B N_A}{r^n} \tag{4.9}$$

陽イオン－陰イオン間の平衡距離 $r_0$ においては $dE/dr=0$ であるから

$$B = -\frac{z_i z_j e^2 A}{4\pi\varepsilon_0 n} r_0^{n-1} \tag{4.10}$$

となり，したがって，エネルギーの最小値 $E_0$ は

$$E_0 = \frac{z_i z_j e^2 A N_A}{4\pi\varepsilon_0 r_0}\left(1-\frac{1}{n}\right) \tag{4.11}$$

となる。$E_0$ の符号を変えたものが格子エネルギーである。

$$U_0 = -\frac{z_i z_j e^2 A N_A}{4\pi\varepsilon_0 r_0}\left(1-\frac{1}{n}\right) \tag{4.12}$$

〔2〕 **ボルン・ハーバーサイクル**　ボルン・ハーバーサイクルは，1919年にボルン（Born）とハーバー（Haber）によって考案された格子エネルギーを計算するための方法である。このサイクルを一巡すると，エネルギー変化は0となる。塩化ナトリウムを例にしてボルン・ハーバーサイクルを基に格子エネルギーを計算してみよう。この場合には，以下のような関係が成り立つ。

$$\Delta H_\mathrm{f} = \Delta H_\mathrm{AM} + \Delta H_\mathrm{AX} + \Delta H_\mathrm{IE} - \Delta H_\mathrm{EA} - U_0 \tag{4.13}$$

ここで,それぞれの項の意味は以下のとおりである。

$\Delta H_\mathrm{f}$:Na(s)(s は固相を表す)と(1/2)Cl$_2$(g)から NaCl(s) が生成するのに要するエネルギー(生成エネルギー)

$\Delta H_\mathrm{AM}$:Na の結晶を Na(g) とするのに要するエネルギー(昇華エネルギー)

$\Delta H_\mathrm{AX}$:(1/2)Cl$_2$(g) を Cl(g) に解離するのに要するエネルギー(Cl$_2$ の解離エネルギーの 1/2)

$\Delta H_\mathrm{IE}$:Na(g) の第一イオン化エネルギー

$\Delta H_\mathrm{EA}$:Cl(g) の第一電子親和力

具体的な数値は,$\Delta H_\mathrm{f} = -411$ kJ/mol,$\Delta H_\mathrm{AM} = 108$ kJ/mol,$\Delta H_\mathrm{AX} = 122$ kJ/mol,$\Delta H_\mathrm{IE} = 496$ kJ/mol,$\Delta H_\mathrm{EA} = 349$ kJ/mol である。$\Delta H_\mathrm{f}$ が負の値であることより,この反応はエネルギーが放出される反応(発熱反応)であり,Na(s) と(1/2)Cl$_2$(g) から NaCl(s) が生成する反応が,実際に起こりうる反応であることがわかる。考え方で重要となるボルン・ハーバーサイクルの概念図を**図 4.9** に示す。NaCl が生成するための基本的なボルン・ハーバーサイクルの考え方はつぎのとおりである。

1) Na 結晶 → Na の原子化 → Na$^+$ の生成
2) (1/2)Cl$_2$ 分子 → Cl 原子 → Cl$^-$ の生成
3) Na$^+$ + Cl$^-$ → NaCl(結晶)の生成

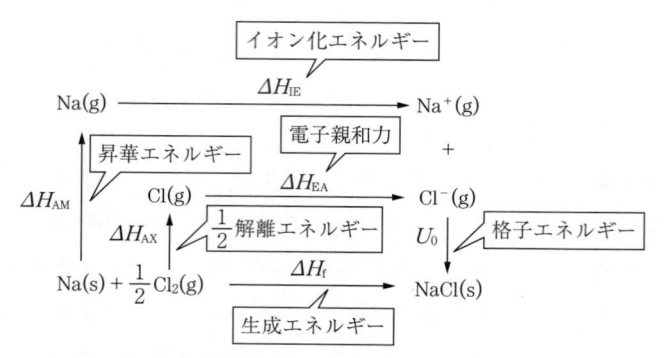

**図 4.9** NaCl の生成に対するボルン・ハーバーサイクル

4) 1), 2), 3) の過程のエネルギーの和が，Na 結晶 + (1/2)$Cl_2$ 分子 → NaCl 結晶の生成エネルギーに等しい。

過程 1) で必要なエネルギーは，604 kJ/mol（108 + 496），過程 2) で必要なエネルギーは，−227 kJ/mol（122 − 349），また，過程 3) で必要なエネルギーが $-U_0$ である。これらのエネルギーを加えたものが過程 4) のエネルギーに等しいので，$-411 = 604 - 227 - U_0$ となり，これより $U_0 = 788$ kJ/mol と求まる。

ボルン・ハーバーサイクルは格子エネルギーを計算するためのエネルギーサイクルであるが，つぎのような点に適用できる。(1) 各ステップのエネルギー値がわかれば，未知の結晶の生成エネルギー $\Delta H_f$ が計算できる。すなわち，ある未知の結晶の合成が可能か否かを判断できる（$\Delta H_f$ が負の値であれば合成可能）。(2) わからないエネルギーが他のエネルギーより計算できる。(3) 各エネルギーの相対的な重要性がわかる。

## 4.2 共 有 結 合

**共有結合**（covalent bond）とは，2 個の原子が電子を共有することで生成する結合のことである。基本的な考えは大別して二つに分けることができある。一つの考えは**原子価結合理論**（valence bond（VB）theory）に基づくものであり，もう一つの考えは**分子軌道理論**（molecular orbital（MO）theory）に基づくものである。本節では，これらの概念と分子軌道理論の二原子分子に対する適用について説明する。

### 4.2.1 共有結合の概念

共有結合の概念を H 原子を例にして説明する（**図 4.10**）。初め，共有結合に使われる電子は 2 個の原子のいずれかに属している。無限大の距離に離れていた 2 個の H 原子（位置エネルギーがゼロ）がたがいに接近してくると，両原子に引力が働き始めて，2 個の H 原子がたがいに電子雲を共有するようにな

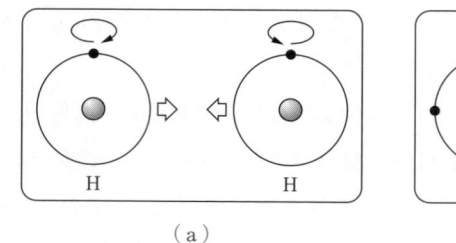

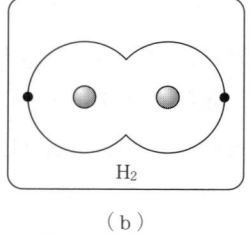

図 4.10　H原子の接近(a)と，たがいに電子を共有するとき(b)の模式図

り，さらに電子雲の重なりが最大となったところで結合が成立する。スピンはたがいに逆平行になることによって結合が強化される。この電子配置は，パウリの禁制原理（同じ原子中の電子が同じ状態で存在することはない）と，フントの規則（一つの軌道にはスピン逆平行の2個の電子が入る）に基づく現象といえる（図 4.10）。したがって，仮に電子のスピンが同じ向きにあった場合には，原子の接近に反発力が働くため，両原子の共有は不可となる。

上記の現象をエネルギーの面から見たのが図 4.11 である。H原子がたがいに接近すると，両原子のエネルギーは低下し，核間距離が 0.074 nm において極小値を示す（= −432 kJ/mol，符号を変えて，安定化した分のエネルギー 432 kJ/mol が結合エネルギー）。核間距離がさらに接近すると，エネルギーは

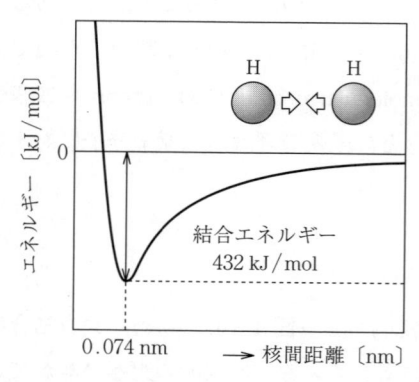

図 4.11　H原子の核間距離とエネルギーとの関係

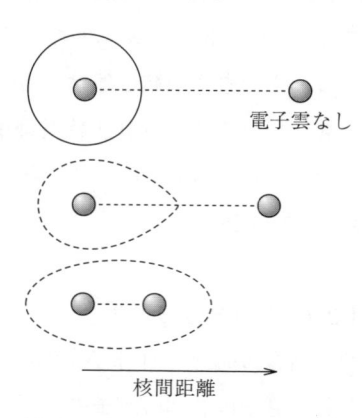

図 4.12　H原子と$H^+$イオンの接近に伴う電子雲の形状変化

増加に転じる。この例が示すように，核間距離が 0.074 nm において電子雲の重なりは最大となり，共有結合が成立することになる。1 対の電子が関与しているこの結合は**単結合**（single bond）と呼ばれる。また，この 1 対の電子を**共有（結合）電子対**（pair of shared (bonding) electrons）と呼ぶ。

上記の例はたがいの H 原子にそれぞれ電子が 1 個収納された状態を示しているが，ここで片方の H には電子が 1 個収納されているのに対し，もう一方の原子には電子が存在しない状態（$H^+$ イオンの状態）を考えてみよう（**図 4.12**）。電子を 1 個有する H 原子に対して，電子のない $H^+$ が接近すると，H 原子の電子雲の形状は $H^+$ に引き寄せられて変化する。さらに，H 原子と $H^+$ が接近すると，1 個の電子をたがいに共有して，対称形の電子雲を形成する。H と $H^+$ の結合を位置エネルギーの面から見たのが**図 4.13** である。H と $H^+$ がたがいに接近すると，両原子のエネルギーは低下し，核間距離が 0.106 4 nm において極小値（$-256$ kJ/mol）を示す。このように，1 個の電子を有する各 H 原子どうしが共有結合を形成する場合には，両原子の共有結合は核間距離が 0.074 nm において形成されるが，H 原子と $H^+$ イオンの結合によって共有結合が形成される場合には核間距離が 0.106 nm まで増加し，さらに結合エネルギーも H 原子どうしが結合する場合と比較して低下する。

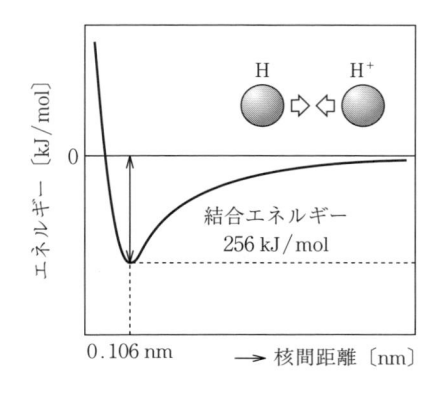

**図 4.13** H 原子と $H^+$ イオン間の接近に伴うエネルギーの変化

### 4.2.2 原子価結合理論

2個の原子で分子を構成する場合，原子内に存在する不対電子が結合に関わってくる。代表例として，酸素原子どうしの結合を考える。酸素は原子番号が8であり，電子8個を有しているが，その電子配置は $1s^2 2s^2 2p^4$ となる。p軌道上には4個の電子が存在するが，表2.3に示したようにそれらの電子のうち2個の電子は対を形成した電子（**対電子**，表では $2p_x$ に存在），また残りの2個の電子はそれぞれ**不対電子**（unpaired electron）として存在する（表では $2p_y$ および $2p_z$ に存在）。

ここで，無限大の距離に離れていた2個の酸素原子がたがい接近し，分子を形成する状況を考えてみよう。酸素原子が結合して分子を形成する過程を**図 4.14** に示す。結合に関与する結合軸は 2p 軌道に関わってくるが，$2p_x$ におい

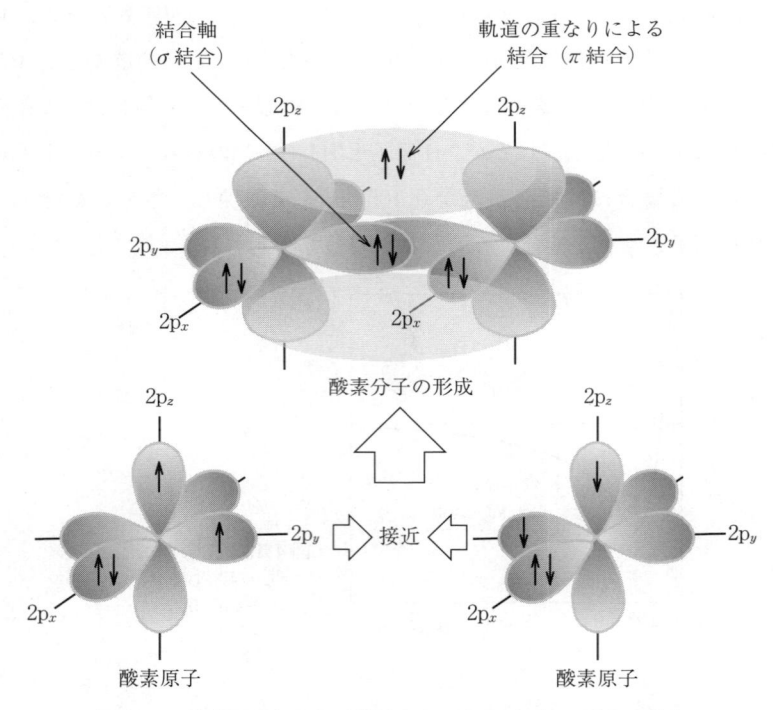

**図 4.14** 酸素原子どうしの接近による分子（$O_2$）の結合の形成

ては電子が満たされた状態であるため，2個の酸素原子は無秩序に結合を形成するわけではなく，不対電子を有する結合軸が一致した場合だけ結合が形成される（すなわち，$2p_y$ あるいは $2p_z$ に沿った軸）。例えば，$2p_y$ 軸に沿って結合軸が一致すると，この軸を基軸として両酸素原子は分子の生成を始める（**σ結合**（σ bond）の形成）。一方，不対電子を有する $2p_z$ 上の電子の場合，$2p_y$ が関与したσ結合の形成に伴って両酸素原子が接近するため，$2p_z$ の電子雲がたがいに重なりあって，σ結合とは別の結合を形成するようになる。この場合，電子はσ結合の場合よりもゆるやかに束縛されており，比較的自由に移動できる。このような結合を**π結合**（π bond）と呼ぶ。2対の電子が関与している酸素原子間の結合は**二重結合**（double bond）と呼ばれる。

原子価結合理論は，不足した電子を補充する形で不対電子が対電子に変化することによって結合が形成されるという概念に基づいている。この理論では，酸素の原子価（原子が何個の他の原子と結合するかを表す数）は2価となる。

### 4.2.3 分子軌道理論

前項の酸素分子の例では，原子の状態では不対電子が2個存在するが，2個の原子が共有結合を形成して1個の分子を生成すると，不対電子が存在しないことになる。ところが，酸素分子の気体に対して外部磁場を加えると，気体が磁場の方向に弱く引き寄せられることが判明した。この現象が常磁性である。原子価結合理論では不対電子は存在しないことから，磁場をかけても酸素が磁場の方向に引き寄せられることはなく，反磁性の現象を示すはずである。この常磁性の性質を説明するには，新たな考え方が必要になる。これが分子軌道理論である。

分子軌道理論の基本的な概念はつぎのとおりである。

(1) 分子にはその分子固有の**分子軌道**（molecular orbital）が存在し，電子はエネルギーの低い軌道からパウリの禁制原理とフントの規則に従って充填されていく。一つの軌道に収容される電子は最大2個である。

(2) 対となる原子軌道が重なり合うことによって，二つの新しい分子軌道

68　　4. 化 学 結 合

ができる．分子軌道は，原子軌道の線形結合（linear combination of atomic orbitals, LCAO）によって近似することができる．一般に，$m$ 個の原子軌道から $m$ 個の分子軌道ができる．分子軌道を表す記号としては，原子軌道で s, p, d, … であったのに対し，$\sigma, \pi, \delta, \cdots$ が使われる．

(3)　分子軌道には，結合を強める軌道（**結合性分子軌道**, bonding molecular orbital）と反対に結合を弱める軌道（**反結合性分子軌道**, antibonding molecular orbital）が存在する．軌道エネルギーの大きさは，反結合性軌道 ＞ 結合性軌道となり，電子の充填は，反結合性軌道より結合性軌道において優先的に起こる．

　分子軌道理論を基に，2個の水素（H）が単独に存在せず，分子（$H_2$）として存在する理由を考えてみよう．H原子の1個の電子は 1s 軌道に配置されている．2個の水素原子が結合して分子を形成するときの，結合性軌道および反結合性軌道への電子の配置状況を**図 4.15** に示す．2個の水素原子が結合して分子を形成するとき，電子は軌道エネルギーの低い結合性軌道に配置される．すなわち，この結合性軌道のエネルギーは，水素原子の 1s 軌道のエネルギーよりも低いため，原子でいるよりもむしろ分子を形成したほうが安定となる．

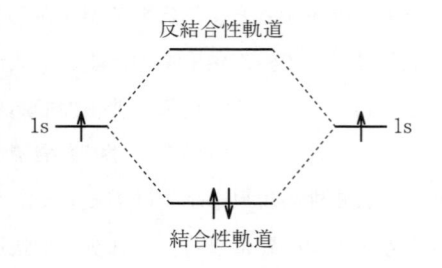

**図 4.15**　水素分子の形成における結合性軌道と反結合性軌道への電子の配置

〔1〕　**結合性分子軌道と反結合性分子軌道**　　2個の水素原子（A, B）が結合を形成するとし，それぞれの原子軌道を $\varphi_A$ および $\varphi_B$，それぞれの水素が結合してできた分子軌道を $\Psi_a$ および $\Psi_b$ とする．結合性分子軌道 $\Psi_b$ は原子の結合を強めるものであり，以下のように表すことができる．

$$\Psi_b = c_1(\varphi_A + \varphi_B) \tag{4.14}$$

ここで，$c_1$ は $\Psi_b^2$（電子の存在確率，厳密には $\Psi_b^* \Psi_b$）を全空間で積分したとき1となるようにおかれた規格化定数である。一方，反結合性分子軌道は結合を弱めるものであり，$c_2$ を規格化定数とすると，以下のように表すことができる。

$$\Psi_a = c_2(\varphi_A - \varphi_B) \tag{4.15}$$

$\Psi_b$ および $\Psi_a$ を2乗すると，電子の存在確率を示すことになる。結合性軌道の場合には，以下のようになる。

$$\Psi_b^2 = c_1^2(\varphi_A^2 + \varphi_B^2 + 2\varphi_A\varphi_B) \tag{4.16}$$

また，反結合性軌道の場合には，以下のようになる。

$$\Psi_a^2 = c_1^2(\varphi_A^2 + \varphi_B^2 - 2\varphi_A\varphi_B) \tag{4.17}$$

式(4.16)および式(4.17)より，結合性軌道では，2個の単独な水素原子の波動関数の2乗の和 ($\varphi_A^2 + \varphi_B^2$) よりも $2\varphi_A\varphi_B$ だけ確率密度が増加することがわかる。これに対して，反結合性軌道では，二つの単独な水素原子の波動関数の2乗の和 ($\varphi_A^2 + \varphi_B^2$) よりも $2\varphi_A\varphi_B$ だけ確率密度が減少する。結合性軌道および反結合性軌道を波動関数に基づくエネルギーで模式化したのが**図 4.16** である。原子核間の距離が接近すると，反結合性軌道 $\Psi_a$ に関わるエネルギーは一方的に増加するが，結合性軌道 $\Psi_b$ に関わるエネルギーは極小値を示したのち，増

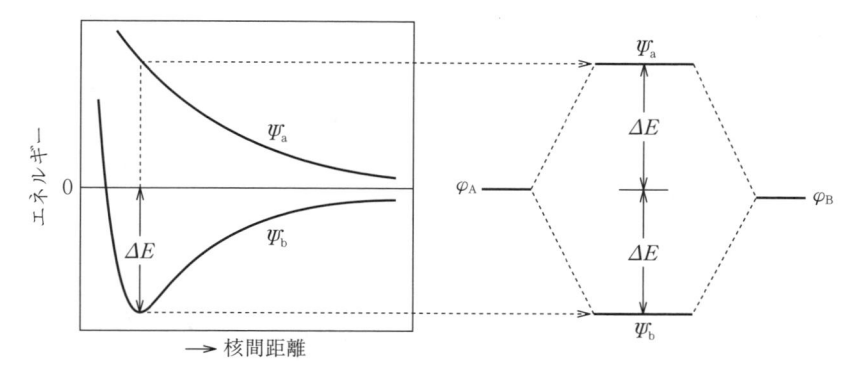

（a） 核間距離とエネルギーとの関係　　（b） 極小値における $\Psi_a$ と $\Psi_b$ の関係

**図 4.16** 結合性軌道および反結合性軌道に関わるエネルギーに及ぼす原子核間距離の影響

加に転じる(図(a))。この極小値に対応する反結合性軌道と結合性軌道を水素原子の原子軌道($\varphi_A$および$\varphi_B$)と関連づけて模式化すると,図(b)に示したような結合性軌道と反結合性軌道の関係が得られる。2個の水素原子の1s軌道のエネルギーの和と,水素分子の結合性軌道と反結合性軌道のエネルギーの和は等しい。

 2個の原子がたがいに結合して分子を形成するときの$\Psi_b$および$\Psi_a$の値の変化を,存在確率としての$\Psi_b^2$および$\Psi_a^2$の値の変化とともに**図4.17**に示す。結合性軌道の場合,波動関数の値はそれぞれの原子核の場所において最大となるが,両原子核の間においても比較的高い値を示す。電子の存在確率を示す$\Psi_b^2$の値は,同じく両原子核の場所において最大となるが,核間において$\varphi_A^2$と$\varphi_B^2$を単に足したときより大きくなり,2個の原子核はたがいによりよく遮蔽されることになる。一方,反結合性軌道の場合,$\Psi_a$の値は正の値と負の値を示し,逆位相で重ね合わされることになる。そのため,二つの原子核の間において電子の存在確率を示す$\Psi_a^2$の値はゼロとなり,電子がまったく存在しない場所が存在する。このように,電子が存在しない場所があれば,正の電荷を有する原子核がたがいに向かい合うことになり,それによって両原子核間には斥力が働き,たがいに離れようとする。

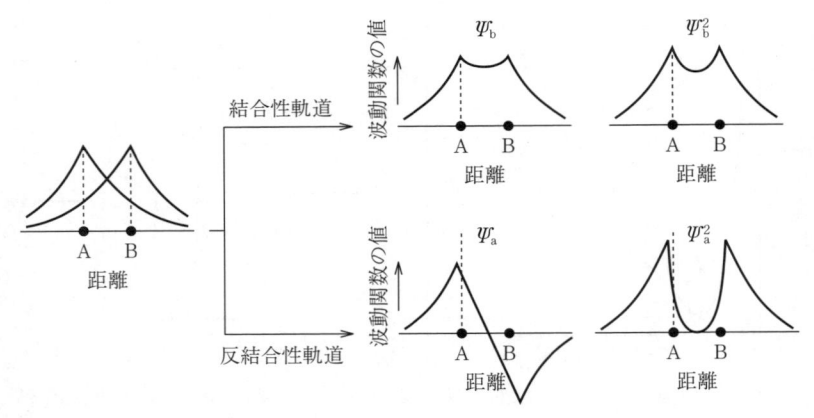

**図4.17** 2個の原子が結合して分子を形成したときの結合性軌道および反結合性軌道における波動関数の値

## 4.2 共有結合

〔2〕 **原子軌道の重なり** 結合性分子軌道および反結合性分子軌道を基にs軌道，p軌道およびd軌道の重なり状態を見る前に，結合の形成に有効に働かない重なりを見ておこう（**図4.18**）。図4.18の例の重なりでは，＋と＋が重なった部分と＋と－が重なった部分の面積（体積）が等しく，結合性と反結合性とが共存している状態である。このような分子軌道の形成はエネルギー的に，損にも得にもならない。このようにしてできる軌道を**非結合性分子軌道**（non-bonding molecular orbital）と呼ぶ。

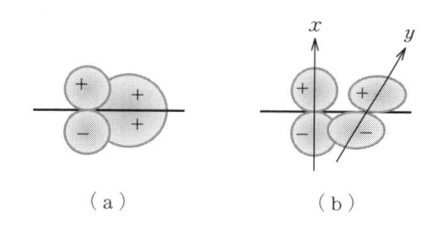

**図4.18** 非結合性分子軌道

具体的にどのような原子軌道の組合せ（結合）が考えられるかを，s軌道およびp軌道の結合の場合の模式図を**図4.19**に示す。s軌道の場合，個々の原子の電子雲に方向性はない。原子がたがいに接近し，結合性軌道を形成する

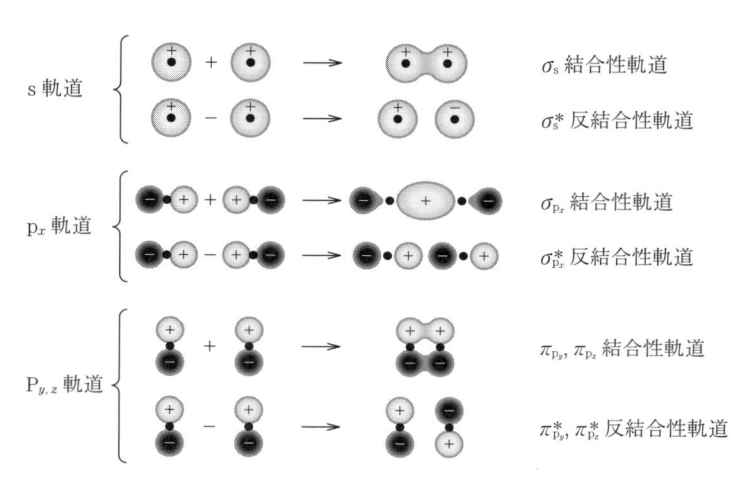

**図4.19** s軌道およびp軌道からつくられる分子軌道

と，原子核間の電子密度も高くなる．これに対して，反結合性軌道の場合には原子間で反発が起こり，両原子核間で電子密度がゼロとなる節ができる．これらの分子軌道では，電子密度が原子核を通る結合軸のまわりに筒状に対称となっており，このような軌道を **$\sigma$軌道** と呼ぶ．また，結合性分子軌道と反結合性分子軌道を区別するために，反結合性分子軌道に*を付け，$\sigma^*$ と表現する．さらに，元の原子軌道が何であったかを示すため，1s どうしの組合せであれば $\sigma_{1s}$，2s どうしの組合せであれば $\sigma_{2s}^*$，のように表現する．p 軌道の場合，$x, y$ および $z$ 軸の各方向に電子雲が広がっており，それぞれの方向で結合性軌道および反結合性軌道を形成する．結合軸方向で原子軌道が重なれば（図 4.19 では $x$ 軸），電子密度が原子核を通る結合軸のまわりに筒状に対称な $\sigma$ 軌道と $\sigma^*$ 軌道が形成される．元の原子軌道が 2p であれば，$\sigma_{2p}$ のように表現すればよい．結合性軌道の場合，両原子の原子核の間には存在確率の高い電子雲が広がり，両原子の核から最も遠ざかった空間に逆位相の電子雲が広がっている．これに対して，反結合性軌道の場合には，両原子核の間には逆位相の電子雲が存在し，結合性軌道の場合のような大きな電子雲の広がりは見られない．一方，$p_x$ 軌道に直交した $p_y$ および $p_z$ 軌道では，結合性軌道の場合に原子間に同じ位相の電子が存在するのに対し，反結合性軌道の場合には逆位相の電子雲が広がり，電子雲の大きな広がりは認められない．p 軌道が側面で重なる場合，形成された分子軌道では，結合軸が電子密度がゼロとなる節面上に存在することになる．このような軌道のことを **$\pi$軌道** と呼び，$\sigma$ 軌道の場合同様，反結合性のほうに*を付け，$\pi^*$ と書く．元となる原子軌道の表し方も同様である．

　d 軌道を含む原子軌道の組合せの例を **図 4.20** に示す．これまで述べてきた s 軌道は球形として，また p 軌道は亜鈴形として図に表したが，d 軌道はかなり複雑な 3 次元的な形状をしている（図 2.4 参照）．d 軌道でも，同じ位相でローブが重なれば結合性軌道を形成するが，逆位相でローブが重なれば反結合性軌道を形成する．

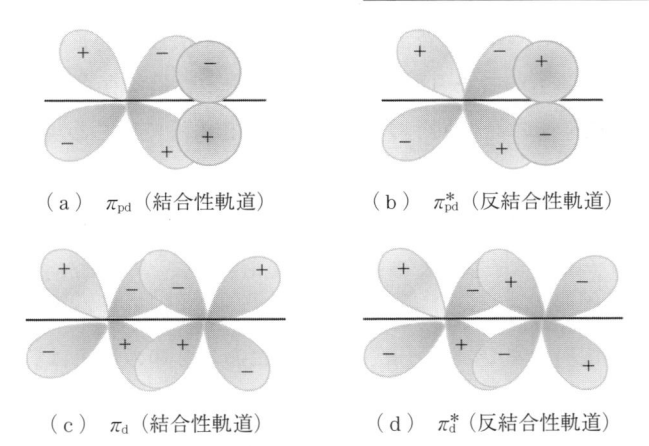

(a) $\pi_{\text{pd}}$（結合性軌道）　　(b) $\pi_{\text{pd}}^*$（反結合性軌道）

(c) $\pi_{\text{d}}$（結合性軌道）　　(d) $\pi_{\text{d}}^*$（反結合性軌道）

**図 4.20** d 軌道を含む原子軌道の組合せの例（(a)と(b)は p 軌道と d 軌道の組合せ，(c)と(d)は d 軌道どうしの組合せ）

### 4.2.4 等核二原子分子の分子軌道

　水素分子や酸素分子のように，2個の同種の原子によって構成される分子を等核二原子分子（homonuclear diatomic molecule）と呼ぶ。ここでは，ネオンまでの原子について，等核二原子分子の分子軌道の構成法を考える。分子軌道のつくり方は，さまざま考えられるが，最も簡単な方法として，2個の原子が同じ軌道を提供し合って分子軌道ができるとする。すなわち，1s と 1s から $\sigma_{1s}$ と $\sigma_{1s}^*$，2s と 2s から $\sigma_{2s}$ と $\sigma_{2s}^*$，$2p_x$ と $2p_x$ から $\sigma_{2p_x}$ と $\sigma_{2p_x}^*$（$x$ 軸を結合軸にとる），$2p_y$ と $2p_y$ から $\pi_{2p_y}$ と $\pi_{2p_y}^*$，$2p_z$ と $2p_z$ から $\pi_{2p_z}$ と $\pi_{2p_z}^*$ という具合である。$\pi_{2p_y}$ と $\pi_{2p_z}$ は，同じエネルギーの原子軌道が同じように結合してできているので，空間的な方向は違うが，等価である。すなわち，二つの軌道は縮重している。同様に，$\pi_{2p_y}^*$ と $\pi_{2p_z}^*$ もエネルギーが等しく，縮重している。なお，$2p_x$ と $2p_y$ は縮重しているが，分子軌道をつくる際の重なり方が違うので，$\sigma_{2p_x}$ と $\pi_{2p_y}$ は，縮重していない。

　分子軌道に電子を充填していく方法は原子の場合と同様に考える（構成原理）。すなわち，電子はエネルギーの低い軌道から，パウリの禁制原理とフントの規則を満たしながら埋まっていく。ただし，軌道のエネルギー準位の順番

は，$_3$Li$_2$〜$_7$N$_2$と$_8$O$_2$〜$_{10}$Ne$_2$で若干異なる．電子を収容する順番の違いは，電子の遮蔽効果によるものであり，同じ軌道や内側の軌道に存在する電子によって，実効的な核電荷の軽減がどの程度起こるかによって生じる現象である．

$_3$Li$_2$〜$_7$N$_2$の場合，これらの原子は 1s 軌道，2s 軌道，さらに 2p 軌道を半分満たす程度の電子しか保持しておらず，電子数が比較的少ない原子から成る分子である．原子は，原子核近くの空間に正電荷が集中しており，その周囲を電子が負電荷を帯びつつ存在していることから，特に 1s 軌道に存在する電子は原子核から静電引力を受けるうえ，1s 軌道にある 2 個の電子は負電荷を帯びているため，たがいに静電的に反発している．同様に，2s 軌道の電子も 1s 軌道ほどでないにしても，原子核の影響を受けている．一方，これらの分子を構成する原子は，電子数が限られているため，実効的な核電荷を軽減するための遮蔽効果に乏しい．これによって，静電引力を受けて $\sigma_{2s}$ と $\sigma_{2p_x}$ の軌道エネルギーが接近してくるが，これをできるだけ軽減しようとして $\sigma_{2s}$ の軌道エネルギーは減少するが，逆に $\sigma_{2p_x}$ の軌道エネルギーは増大する．一方，$\pi$ 軌道は $\sigma$ 軌道の影響を特に受けない．その結果，分子軌道のエネルギー準位は，以下のようになる．

$\sigma_{2p_x}$ の軌道エネルギー $>$ $\pi_{2p_y}, \pi_{2p_z}$ の軌道エネルギー

$\sigma^*_{2p_x}$ の軌道エネルギー $>$ $\pi^*_{2p_y}, \pi^*_{2p_z}$ の軌道エネルギー

すなわち，$\sigma_{1s}$ からの軌道のエネルギー準位の順番は，$\sigma_{1s} < \sigma^*_{1s} < \sigma_{2s} < \sigma^*_{2s} < \pi_{2p_y}, \pi_{2p_z} < \sigma_{2p_x} < \pi^*_{2p_y}, \pi^*_{2p_z} < \sigma^*_{2p_x}$ となる．

一方，$_8$O$_2$〜$_{10}$Ne$_2$ の場合，これらの原子は，いずれも 1s 軌道および 2s 軌道を満たし，さらに N 原子では満たされていなかった 2p 軌道の 3 個を埋めていく電子を保持しており，電子数が比較的多い原子から成る分子である．これによって，原子は，電子による遮蔽効果が比較的強く表れていくことから，$\sigma_{2p_x}$ の軌道エネルギーは減少する．一方，$\pi$ 軌道は $\sigma$ 軌道の影響を特に受けない．分子軌道のエネルギー準位は，以下のようになる．

$\sigma_{2p_x}$ の軌道エネルギー $<$ $\pi_{2p_y}, \pi_{2p_z}$ の軌道エネルギー

$\sigma^*_{2p_x}$ の軌道エネルギー $>$ $\pi^*_{2p_y}, \pi^*_{2p_z}$ の軌道エネルギー

4.2 共有結合

すなわち，$\sigma_{1s}$からの軌道のエネルギー準位の順番は，$\sigma_{1s} < \sigma_{1s}^* < \sigma_{2s} < \sigma_{2s}^* < \sigma_{2p_x} < \pi_{2p_y}, \pi_{2p_z} < \pi_{2p_y}^*, \pi_{2p_z}^* < \sigma_{2p_x}^*$となる。

構成原理に従って得られる，等核二原子分子の電子配置を**表4.3**に示した。電子配置は，例えば$B_2$では10個の電子が存在するので，$\sigma_{1s}^2\sigma_{1s}^{*2}\sigma_{2s}^2\sigma_{2s}^{*2}\pi_{2p_y}^1\pi_{2p_z}^1$と書く。最後の2個の電子はフントの規則に従って，$\pi_{2p_y}$と$\pi_{2p_z}$に1個ずつ入り，スピンは同じ方向を向く。このため，$B_2$は不対電子を2個もつことになり，常磁性を示すこととなる。また，$O_2$の電子配置は$\sigma_{1s}^2\sigma_{1s}^{*2}\sigma_{2s}^2\sigma_{2s}^{*2}\sigma_{2p_x}^2\pi_{2p_y}^2\pi_{2p_z}^2\pi_{2p_y}^{*1}\pi_{2p_z}^{*1}$となり，やはり不対電子を2個もつ。このように，分子軌道の考え方により$O_2$が常磁性をもつことが示されることとなる。

**表4.3 等核二原子分子の電子配置と性質**

|  | $H_2$ | $He_2$ | $Li_2$ | $Be_2$ | $B_2$ | $C_2$ | $N_2$ | $O_2$ | $F_2$ | $Ne_2$ |
|---|---|---|---|---|---|---|---|---|---|---|
| 結合次数 | 1 | 0 | 1 | 0 | 1 | 2 | 3 | 2 | 1 | 0 |
| 不対電子の数 | 0 | — | 0 | — | 2 | 0 | 0 | 2 | 0 | — |
| 結合距離〔nm〕 | 0.0742 | — | 0.2673 | — | 0.1590 | 0.1243 | 0.1098 | 0.1208 | 0.1412 | — |
| 結合エネルギー〔kJ/mol〕 | 432 | — | 100 | — | 293 | 598 | 941 | 494 | 151 | — |
| 磁性 | 反磁性 | — | 反磁性 | — | 常磁性 | 反磁性 | 反磁性 | 常磁性 | 反磁性 | — |

共有結合の強さを示す尺度として，**結合次数**（bond order）がある。これは，単結合，二重結合などというときの"単"や"二重"といった共有結合の数（結合の**多重度**（multiplicity））をより一般化したもので，結合性分子軌道中の電子数から反結合性分子軌道中の電子数を引いた値を2で割ったものとして定義される。

$$\text{結合次数} = \frac{(\text{結合性軌道中の電子数}) - (\text{反結合性軌道中の電子数})}{2} \quad (4.18)$$

例えば,水素分子（$H_2$）の場合には,各水素原子から提供された電子（合計2個）がいずれも結合性軌道に収容されるので,結合次数は$1(=(2-0)/2)$となり,水素原子どうしは単結合で結ばれていることがわかる。$He_2$の場合,結合次数は$0(=(2-2)/2)$となり,これは,分子を形成しても,原子のときに比べエネルギー的に得をしないことを意味する。すなわち,$He_2$という分子は存在しないことになる。表4.3を見ると,$He_2$の他に$Be_2$と$Ne_2$も結合次数が0であり,これらの分子も実際には存在しない。

結合次数は,共有結合の多重度の尺度であることから,一連の分子やイオン

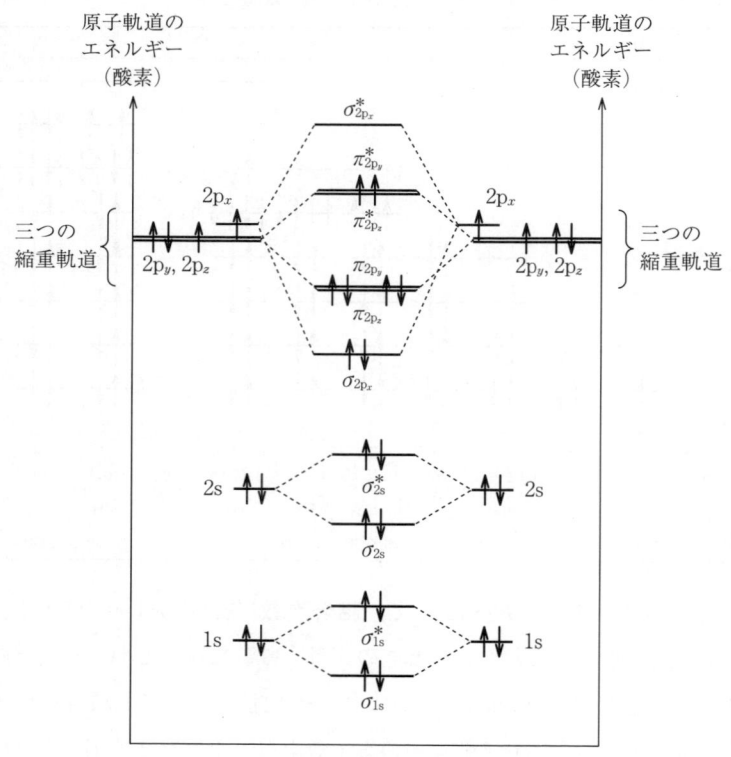

**図4.21** $O_2$分子を形成するときのエネルギー準位

について，結合エネルギーや結合距離と相関していることが考えられる。これを，酸素の場合について考えてみよう。$O_2$ 分子の分子軌道準位を**図 4.21** に示した。表 4.3 や図 4.21 からわかるように，$O_2$ では結合性軌道に 10 電子，反結合性軌道に 6 電子が収納されており，結合次数は 2 である。すなわち，酸素原子間の結合は二重結合であり，これは原子価結合理論とも形式的には一致する。電子が $O_2$ よりも 1 個少ない $O_2^+$ の場合，結合次数は 2.5 となり，$O_2$ よりも大きくなることから，O-O 結合距離は短くなり，結合エネルギーは大きくなることが予想される。逆に電子が $O_2$ の場合よりも 1 個多い $O_2^-$，さらに電子が 2 個多い $O_2^{2-}$ では結合次数がそれぞれ 1.5，1.0 となる。$O_2^-$ は，$O_2$ より結合次数が下がることより，O-O 結合距離は長くなり，結合エネルギーは小さくなることが予想される。$O_2^{2-}$ では，この傾向がさらに強まることが考えられる。実際の実験値を**表 4.4** にまとめて示す。分子軌道理論に基づく結合次数が，実験事実をよく説明していることがわかる。

表 4.4 酸素に関わる結合次数と結合距離，結合エネルギー

| 化学種 | 名　称 | 結合次数 | 結合距離〔nm〕 | 結合エネルギー〔kJ/mol〕 |
|---|---|---|---|---|
| $O_2^+$ | 二酸素陽イオン | 2.5 | 0.112 | 643 |
| $O_2$ | 二酸素 | 2 | 0.121 | 494 |
| $O_2^-$ | 超酸化物イオン | 1.5 | 0.135 | 395 |
| $O_2^{2-}$ | 過酸化物イオン | 1 | 0.149 | 126 |

### 4.2.5 異核二原子分子の分子軌道

等核二原子分子の場合には，2 原子の電子を引き付ける能力が等しいため，分子内の電荷分布は対称であるが，原子種が異なる場合はどのようになるであろうか。原子の種類が異なっても分子を形成することができる。このような異核間に形成される結合は**異核間結合**（heteronuclear bond）と呼ばれる。異核原子種の場合には，電荷の分布に対称性がなくなり（分子内で正負の電荷の中心が一致しない，**極性分子**（polar molecule）），**極性**（polarity）をもつようになる。これは，2 原子の電気陰性度の違いを反映している。

## 4. 化学結合

2原子の組合せにより，さまざまな異核二原子分子が存在するが，その代表例として，一酸化窒素（NO）を見てみよう．N原子とO原子の原子軌道が組み合わされて分子軌道ができる様子を**図4.22**に示した．等核二原子分子の場合と同様，同じ原子軌道が組み合わさって分子軌道ができると考える．なお，結合次数の概念は，異核間結合にも適用でき，NOの場合2.5となる．まず，最初に注目すべき点はN原子とO原子ではエネルギー準位が異なり，すべての対応する原子軌道について，O原子のほうがエネルギーが低いことである．これは核電荷の違いを反映している．次いで，ある1組の分子軌道，例えば，$\sigma_{1s}$と$\sigma_{1s}^*$に注目すると，結合性軌道ができても，O原子はN原子ほどエネルギー的にあまり得をしておらず，逆に，反結合性軌道ではO原子はN原子に

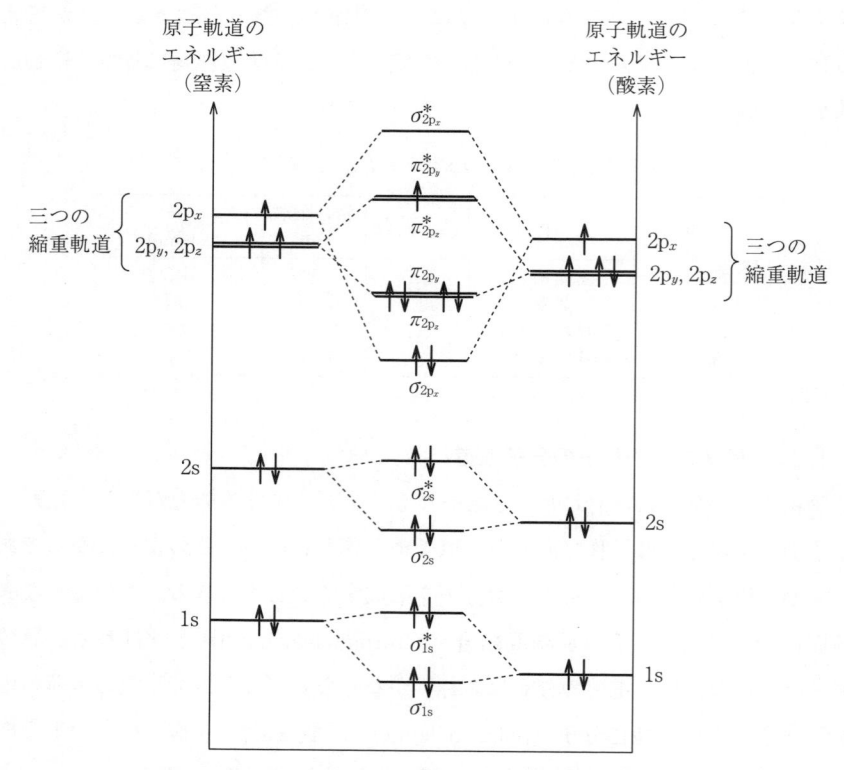

**図4.22** NOのエネルギー準位（$O_2$型の分子軌道をとる）

比べて，エネルギー的に損失が大きいことがわかる．元々エネルギーの低い原子軌道は，分子軌道を形成する利点が少ないことになる．異核間結合では，軌道の重なりが等核の場合ほど有効に起こらないことを反映している．別の見方をすれば，結合性軌道はO原子の原子軌道にエネルギー準位が近く，したがって，O原子の原子軌道の特性をより強く反映しており，反結合性軌道はN原子の原子軌道の特性をより強く反映しているといえる．

異核間結合では，等核の場合ほど軌道の重なりが有効に起こらないが，それは異核の場合のほうが等核の場合より結合が弱いことを意味するわけではない．先に述べたように，異核二原子分子は，2原子の電気陰性度の差により，原子核付近の電子密度が異なり，極性をもつ．NO分子の場合では，O原子のほうがN原子より電気陰性度が大きいため，わずかに負に帯電し（$O^{\delta-}$），N原子はわずかに正に帯電する（$N^{\delta+}$）．すると，$N^{\delta+}$と$O^{\delta-}$の間に静電的な引力が働くことになる．すなわち，イオン結合性が生じる．このように，異核間結合では，軌道が重なることによる共有結合の他に，イオン結合が加わることになる．一般に，異核間結合は等核の場合の結合より強い結合となる．

## 4.3 金属結合

周期表上の全元素のうち約5分の4が金属元素である．電気的に陽性である金属原子どうしを結び付ける結合は**金属結合**（metallic bond）と呼ばれる．4.1節，4.2節で説明したイオン結合と共有結合では，各原子が貴ガス型の電子配置をとろうとする性質が，原子を結合させる基本的な原動力となっている．しかし，金属原子は，最外殻電子が1～3個と少ないため，結合しようとする原子がたがいに電子をやり取りしてもイオン結合をつくることができないし，またたがいに電子を共有して共有結合をつくろうとしても，貴ガス型の電子配置をとることはできない．

金属結合では，金属原子が最外殻電子を放出して電子を失った陽イオンの部分が規則正しく並び，放出された電子が規則正しく並んだ陽イオンの中を自由

80 4. 化 学 結 合

に移動し，これらの間に働くクーロン力で原子どうしが結び付けられている。全体として，電荷的には中性である。放出された電子は，特定の陽イオンの近傍に留まらず金属原子集合体全体に広がっており，このような状態の電子を**自由電子**（free electron）と呼ぶ。また，規則正しく並んだ陽イオンが，自由電子の海の中に浸っているという金属の描像から，金属が電気の良導体であり，また，自由電子が熱の運び手でもあることから，熱の良導体であることが理解される。さらに，金属の光学的性質も自由電子の挙動により説明される。金属への入射光は金属内の自由電子の存在のため，金属内部に入り込めず，金属表面で反射される。これが金属光沢を生じる原因である。

### 4.3.1　金属の結晶構造

金属では，規則正しく並んだ陽イオンのクーロン引力による位置エネルギーを多数の自由電子が受けもつことで全エネルギーが低くなり，安定化が起こることにより，陽イオンができるだけ密に充填することになる。すなわち，金属元素が空間的に規則正しく配列してできる物質（結晶）の結晶構造（crystal structure）は，最密充填構造かそれに近い充填構造をとることになる。

大きさの等しい球を，空間的にできるだけ密に詰めた状態が**最密充填**（closest packing）であり，**立方最密充填**（cubic closest packing, ccp）と**六方最密充填**（hexagonal closest packing, hcp）がある。大きさの等しい球を空間の占有率が最も高くなるように平面に並べると**図 4.23**（a）のようになる（第一層，A 層）。各球は層内で他の 6 個の球と接触している。第二層（B 層）の

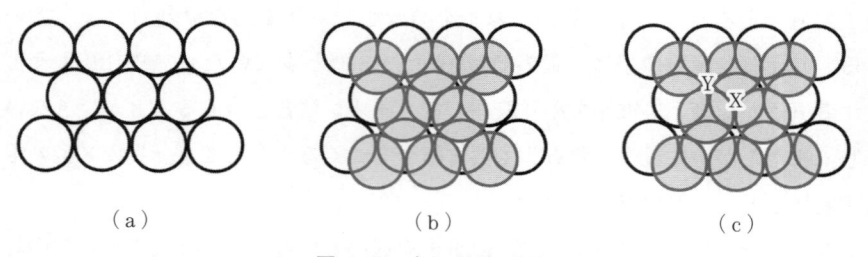

（a）　　　　　（b）　　　　　（c）

図 4.23　球の最密充填

球は，図(b)のように第一層のくぼみに合うように乗せる。第二層の各球は，第一層の3個の球と接している。第三層の球を置く位置として2通り考えられる。図(c)のXのくぼみに置けば，第三の層は第一の層の真上に来ることになる。これを繰り返せば，層はABABAB…と重なることになり，これが六方最密充填である。一方，図(c)のYのくぼみに第三の層の球を置けば，第三層（C層）は，第一層，第二層とも異なるため，ABCABC…の重なりが形成される。これが立方最密充填である。いずれの充填においても，1個の球は他の12個の球と接触している。

立方最密充填構造は，結晶を別の方向から見ると，面心立方構造でもある。**図4.24**に面心立方格子を示したが，灰色で示した面が立方最密構造の一つの層に相当する。この構造における球の充填率はつぎのように計算できる。図の単位格子の一辺の長さを$a$，球の半径を$r$とすると，$a$と$r$には$4r=\sqrt{2}\,a$の関係がある。また，図の単位格子中に球は$(1/8)\times 8+(1/2)\times 6=4$で4個含まれているので，球の充填率は

$$\frac{4}{3}\pi r^3 \times 4/a^3 = \frac{\sqrt{2}}{6}\pi \;(\cong 74\%)$$

となる。なお，六方最密充填構造でも充填率は同じである。

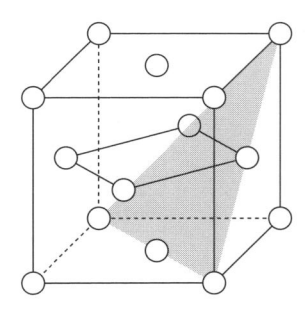

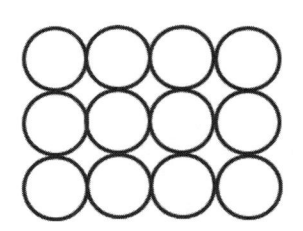

図4.24　面心立方構造（格子）　　図4.25　体心立方充填の一層における球の並べ方

最密充填に近い充填構造に，体心立方構造がある。最密充填の場合と異なり，第一層の並べ方は**図4.25**のようになる。第二層の球は，第一層の4個の球で形成されるくぼみに合うように乗せる。これを繰り返すと体心立方構造と

なる。一つの球は他の8個の球と接触している。体心立方構造における単位格子の一辺の長さ $a$ と球の半径 $r$ の間には $4r=\sqrt{3}\,a$ の関係がある。また，単位格子中に球は $(1/8)\times 8+1=2$ で2個含まれているので，体心立方構造における充填率は，$\sqrt{3}\,\pi/8\,(\cong 68\%)$ となる。

1族，2族の金属元素を結晶構造で分類すると以下のようになる。

面心立方（立方最密）構造：Ca, Sr

六方最密構造：Be, Mg

体心立方構造：Li, Na, K, Rb, Cs, Ba

### 4.3.2 バンド理論

金属を含めた固体の諸性質，特に電気伝導性を統一的に論じようとする考え方に，**バンド理論**（band theory）がある。共有結合の理論と同じ方法を結晶を構成するアボガドロ数程度の原子の集合体に拡張したものである。

最も簡単な金属であるリチウムを取り上げる。価電子だけに着目すると，リチウムは1原子当り1個の価電子をもっているので，**図4.26**に示したように，$Li_2$ では，二つの分子軌道ができ，二つの電子は結合性分子軌道に入る。原子の数を3個，4個と増やしていくと，その数の分だけ分子軌道ができ，電子はエネルギーの低い下半分の軌道に入ることになる。アボガドロ数ほどの原子が集まると，分子軌道の数もそれと同じ数になるため，個々のエネルギー準位の

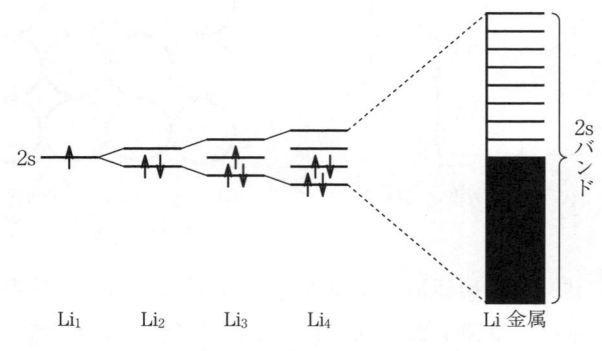

**図4.26** Liの2s軌道からのバンドの形成

間隔は見えず,ほぼ連続的なエネルギー状態があるとみなせる。このエネルギー準位の集まりを**バンド**(band,**帯**)と呼び,特に価電子から形成されるバンドを**価電子帯**(valence band)と呼ぶ。電子はこの価電子帯の下半分の軌道に入っているが,その中で,最もエネルギーの高い準位を**フェルミ準位**(Fermi level, $E_F$)という。リチウムのように価電子帯に空の準位があると,外部からエネルギーが加えられたとき電子は容易に励起されてバンド内の別な軌道に移ることができる。すなわち,結晶に電圧をかけると多くの電子が流れ,リチウムは高い電気伝導性をもつことになる。2族のマグネシウムは3sに価電子を2個もつので,3sから形成される価電子帯の準位はすべて満たされることになる(充満帯という)。したがって,Mgでは,外部からエネルギーを加えても価電子帯の中に移ることのできる準位が存在しない。しかし,Mgの場合,3pから形成されるバンドが3sから形成されるバンドと一部重なり,**図4.27**に示すように,3sバンドの最上部の電子が一部3pバンドに移り,両方のバンドに空の軌道が存在するようになるため,リチウムと同様に,よい電気伝導性を示す。

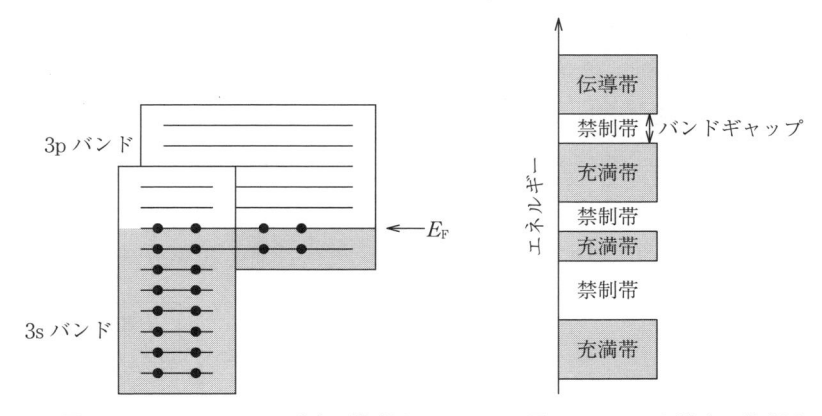

**図4.27** Mgのバンドの形成の模式図    **図4.28** バンド構造の模式図

リチウム,マグネシウムの例を元素の固体に一般化すると**図4.28**のような**バンド構造**(band structure)が描けよう。原子,分子ではエネルギー準位が形成されるのに対して,固体の場合には分子軌道の集合からなるエネルギーバ

ンドが形成される。電子が存在することのできるバンド間は**禁制帯**と呼ばれる。電子はエネルギーの低いバンドから収容されるが，電子で満たされたバンドが**充満帯**（filled band）であり，電子の入っていない空のバンドは**伝導帯**（conduction band）と呼ばれる。価電子が収容されるバンドは価電子帯と呼ばれるが，金属では，この価電子帯に空の準位が存在する。金属のような空準位のある価電子帯をもたない固体では，充満帯と伝導帯が積み重なるバンド構造をとることになる。この場合，充満帯中の電子は移ることのできる軌道がバンド内に存在しないため，固体は基本的には電気伝導性を示さない。すなわち，このようなバンド構造をとる固体は基本的には**絶縁体**（insulator）である。

### 4.3.3 半　導　体

図4.28のようなバンド構造をもつ固体でも，結晶全体で電子を動かす（電気を流す）ことは可能である。それは，**図4.29**に示したように，何らかの方法，例えば熱を加えて充満帯（価電子帯）の電子の一部を伝導帯に励起させることである。充満帯の電子1個が伝導帯に励起されると，充満帯に1個の空席，すなわち**正孔**（positive hole）ができる。充満帯の電子も伝導帯の電子も，リチウムのとき説明したものと同様な方法で移動でき，したがって結晶全体として電気が流れることになる。どのくらいの電子が充満帯から伝導帯に励起されるかは，最もエネルギーの低い伝導帯の底と，最もエネルギーの高い充満帯の上端のエネルギー差，すなわち**バンドギャップ**（band gap，エネルギーギャップともいう）$\Delta E$と，加えたエネルギー（熱）に依存する。バンド

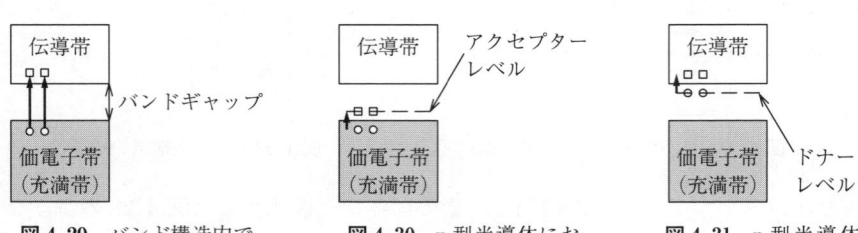

**図4.29** バンド構造内での電子の励起

**図4.30** p型半導体における電気伝導

**図4.31** n型半導体における電気伝導

ギャップに関しては，この値が大きな固体は，大きなエネルギーを加えても励起される電子の数はきわめて少なく，したがって絶縁体である。一方，この値が適度に小さいものは**真性半導体**（intrinsic semiconductor）と呼ばれる。14族元素で比較するとC（ダイヤモンド）はバンドギャップが531 kJ/molもあり絶縁体であるのに対し，ケイ素（Si）では107 kJ/mol，ゲルマニウム（Ge）では64.5 kJ/molであり，両者は半導体（semiconductor）に分類される。半導体は外部からのエネルギー（熱）の供給により伝導性を示すようになる。そのため，0 Kでは伝導性を示さず，温度が上がるに従って伝導帯へ励起される電子数が増えるため，伝導性が上がる。これは金属とは対照的で，金属では一般に温度上昇とともに，電気伝導性が低下する。

半導体である元素の結晶に，他の元素をわずかに加えると（**ドーピング**（doping）という），より少ないエネルギーで，半導体の働きをさせることができる場合がある。これらを**不純物半導体**（impurity semiconductor）という。例えば，ゲルマニウムの結晶にガリウム（Ga）原子をわずかに加える。Ga原子は価電子が3個しかないので（Ge原子は4個），正孔ができることになるが，GaはGeより電気陰性度が小さいため，この正孔はGa原子の所に留まることになる。この電気陰性度の差により，**図4.30**のようなバンド構造ができる。すなわち電子を受け入れることのできるGa原子のエネルギー準位がGeの価電子帯よりわずかに上に存在することになる。この準位とGeの価電子帯の上端とのエネルギー差は，Geのバンドギャップよりずっと小さく，より小さなエネルギーでGeの価電子帯にある電子をGaのエネルギー準位に励起することができ，電気を流すことができる。Gaのエネルギー準位を電子を受け入れることのできる準位という意味で，**アクセプターレベル**（acceptor level）といい，このタイプの半導体を**p型**（**アクセプター**）**半導体**という。

ゲルマニウムの結晶にヒ素（As）を少量添加すると，別のタイプの不純物半導体ができる。Asは価電子を5個もつため，電子過剰となるが，AsはGeより電気陰性度が大きいため，過剰の電子はAsの所に留まることになる。この場合のバンド構造は，**図4.31**のようになる。すなわち，電子を供給するこ

とのできる As 原子のエネルギー準位（**ドナーレベル**，donor level）が，Ge の伝導帯下端のわずか下に存在する。そのため，わずかなエネルギーでこの電子を Ge の伝導帯に供給でき，半導体として働くことができる。このタイプの半導体を **n 型（ドナー）半導体**という。

各種固体のバンド構造をまとめて図 4.32 に示した。

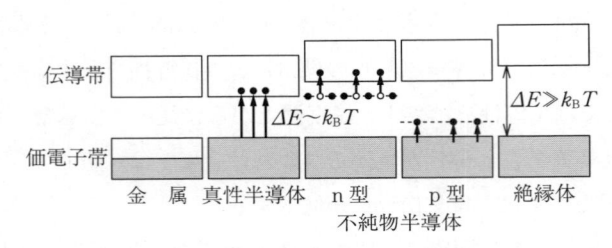

図 4.32　金属，半導体，絶縁体のバンド構造の模式図

## 4.4　配　位　結　合

### 4.4.1　配　位　結　合

**配位結合**（coordinate bond）とは，共有結合を形成するのに必要となる電子対が，一方の原子のみから提供される結合のことで，共有結合の一部とみなすこともできる。この場合，一方の原子に存在する結合相手のない**非共有電子対**（unshared electron pair，**孤立電子対**（lone pair）とも呼ばれる）を，電子が不足している別の原子が共有することによって配位が成立する。代表例として，アンモニア（$NH_3$）を取り上げる。窒素（$_7N$）の電子配置は $1s^2 2s^2 2p^3$ と表すことができる。2s 軌道は電子で満たされているが，3 個の 2p 軌道には各 1 個の不対電子が収容されている。2p 軌道にそれぞれ H 原子の電子が逆スピンで入れば，2p 軌道を満たすことができる（より正確には，$sp^3$ 混成軌道を考える。混成に関しては 6 章参照）。2s 軌道はすでに 2 個の電子で満たされており，結合に関与せずに非共有電子対として残っているが，電子が 1 個不足した水素原子（$1s^1$）が接近すると，窒素の 2p 電子と水素の 1s 電子で共有結合が

## 4.4 配位結合

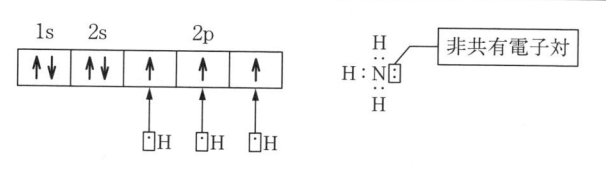

**図4.33** アンモニアにおける共有結合の形成

形成される（**図4.33**）。

アンモニア分子に対してさらに水素イオン（$H^+$）が接近すると，アンモニア分子の非共有電子対と配位結合が形成される。2s軌道と2p軌道の電子は混じり合い（混成），等価の4個の結合を形成する（**図4.34**）。

**図4.34** アンモニウムイオンにおける配位結合の形成（N→Hの→は，共有される電子対が，Nのみから供給されることを示す）

なお，この場合，いったん配位結合が形成されてしまうと，共有結合との区別は付かなくなる。

配位結合は，水（$H_2O$）の場合にも見られる。水分子中の酸素原子は，$sp^3$混成を形成し（6章 参照），電子が2個充填した2個の$sp^3$混成軌道と，電子が1個だけ充填した2個の$sp^3$混成軌道をもつ。不対電子をもつ混成軌道が水素の1s軌道と共有結合し，$H_2O$分子を形成している。ここに$H^+$が接近すると，孤立電子対をもつ混成軌道が$H^+$と配位結合を形成し，オキソニウムイオン（$H_3O^+$）を生成する。

### 4.4.2 錯体

**錯体**（complex）とは，金属イオンが中心となって配位結合を含む化合物である。錯体の中でも，電荷をもつ錯体を**錯イオン**（complex ion），またその塩を**錯塩**（complex salt）と呼ぶ。錯体には，中心原子あるいはイオンに配位している分子やイオン（**配位子**，ligand）が存在する。配位子のうち，配位原子

が1個の場合，これを**単座配位子**（unidentate（monodentate）ligand），配位原子が2個存在する場合は**二座配位子**（bidentate ligand）と呼ぶ。配位子となる簡単な分子には，$NH_3$，$H_2O$，CO などが，またイオンには $CN^-$，$Cl^-$ などがある。錯体における代表的な配位形式には，以下のようなものがある。

(1) **直線構造を有する錯体（直線2配位）** 直線2配位の錯体に，$[Ag(NH_3)_2]^+$ がある。中心金属イオンである $_{47}Ag^+$ の電子配置は，$1s^2 2s^2 2p^6 3s^2 3p^6 3d^{10} 4s^2 4p^6 4d^{10}$ である。$Ag^+$ の空の 5s と 5p 軌道が sp 混成して二つの sp 混成軌道をつくり，そのおのおのに $NH_3$ の N 上の孤立電子対が供給されることにより配位結合が形成され $[Ag(NH_3)_2]^+$ 錯体が生成する（**図 4.35**）。$Ag^+$ には2個のアンモニアが配位することから，配位数（配位結合の数）は2となる。

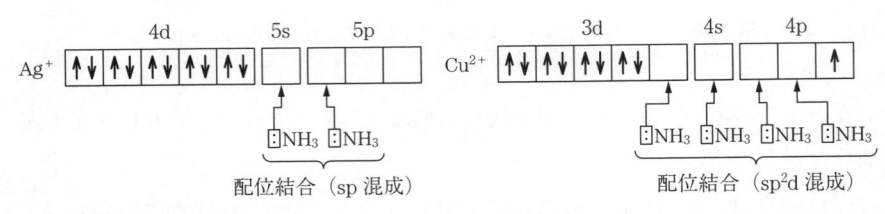

**図 4.35** $[Ag(NH_3)_2]^+$ における配位結合の形成

**図 4.36** $[Cu(NH_3)_4]^{2+}$ における配位結合の形成

(2) **平面構造を有する錯体（正方平面4配位）** 代表的な正方平面4配位の錯体に，$[Cu(NH_3)_4]^{2+}$ がある。$_{29}Cu^{2+}$ の電子配置は $1s^2 2s^2 2p^6 3s^2 3p^6 3d^9$ である。3d 軌道に残る不対電子が 4p 軌道に励起すると，3d，4s および二つの 4p 軌道の合計4個の軌道が空になる。これら四つの軌道が混成してできる四つの空の $sp^2d$ 混成軌道が $NH_3$ の N 上の非共有電子対を受け入れることで錯イオン（$[Cu(NH_3)_4]^{2+}$）が形成される（**図 4.36**）。$Cu^{2+}$ に $NH_3$ が配位すると，正方平面4配位の構造をとる。

(3) **四面体構造を有する錯体（正四面体4配位）** 正四面体4配位の錯体に，$[Zn(NH_3)_4]^{2+}$ がある。$_{30}Zn^{2+}$ の電子配置は $1s^2 2s^2 2p^6 3s^2 3p^6 3d^{10}$ である。3d 軌道が閉殻となっており，電子は $Zn^{2+}$ の周囲に均質に分布している。

配位子（NH$_3$）の体積を考えれば，立体障害を極力避けるため，たがいの配位子が最も離れた正四面体構造をとる。Zn$^{2+}$の空の4sと三つの空の4p軌道が混成して四つのsp$^3$混成軌道をつくり，それぞれがNH$_3$の非共有電子対を受け入れることで配位結合が形成される（図4.37）。

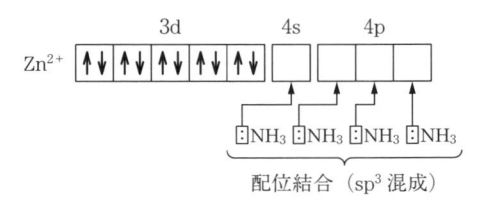

図4.37　[Zn(NH$_3$)$_4$]$^{2+}$における配位結合の形成

**(4) 八面体構造を有する錯体（正八面体6配位）**　正八面体構造を有する錯体に，[Al(H$_2$O)$_6$]$^{3+}$がある。$_{13}$Al$^{3+}$の電子配置は，1s$^2$2s$^2$2p$^6$である。すなわち，空の3s軌道および3p軌道に加えて，外側にある3d軌道が二つ加わり，3次元的な空間にH$_2$Oの非共有電子対が対称性のある配位を行うことができる（sp$^3$d$^2$混成）。その結果，平面的に4個のH$_2$Oが配位するとともに，Al$^{3+}$の上下の空間にもそれぞれ1個のH$_2$Oが配位するようになる（図4.38）。H$_2$OのO上の非共有電子対がAl$^{3+}$に配位し，正八面体構造を示す。

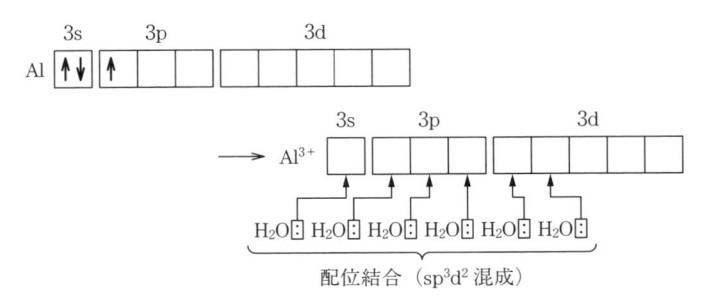

図4.38　[Al(H$_2$O)$_6$]$^{3+}$における配位結合の形成

## 演習問題

**【1】** 2個の水素（H）原子が接近して水素分子を形成する際に，エネルギーが低下して安定化する現象を分子軌道法に基づき説明せよ。

**【2】** 本文の図4.21の等核二原子分子のエネルギー準位を参考にして，下記の問に答えよ。ただし，$N_2$ 以下の場合には，$\pi_{2p_y}$, $\pi_{2p_z}$ のほうが $\sigma_{2p_x}$ よりエネルギーが低い。すべて基底状態を考えること。

  (1) 図の分子の場合，結合軸は $x, y, z$ 軸のどの軸と一致しているか。
  (2) 図の中で結合性分子軌道はいくつあるか。
  (3) $H_2$〜$Ne_2$ の中で実際に存在しないものをすべて挙げよ。
  (4) $H_2$〜$Ne_2$ の中で不対電子をもつものをすべて挙げよ。
  (5) $H_2$〜$Ne_2$ の中で結合次数が2のものをすべて挙げよ。
  (6) $N_2$ 分子の電子配置を示せ。
  (7) $N_2$ 分子のもつ $\sigma$ 結合と $\pi$ 結合の数はそれぞれいくつか。
  (8) O原子と $O_2$ 分子とでは，どちらの第一イオン化エネルギーが大きいと予想されるか。
  ヒント 最もエネルギーの高い電子のエネルギー準位を比べる。
  (9) $O_2$ 分子と $O_2^-$ イオンとでは，どちらのO-O結合距離が短いと予想されるか。
  (10) 図のエネルギー準位がNO，$NO^+$ にも適用できるとして，NOと $NO^+$ のどちらのN-O結合距離が短いと予想されるか。
  ヒント 結合次数を比べる。

**【3】** 水素分子から電子を1個取り去ると（$H_2^+$），水素分子の結合の強さはどのように変化するか，分子軌道法に基づき説明せよ。

**【4】** すべての分子は結合性 $\sigma$ 軌道をもつのに，すべての分子が結合性 $\pi$ 軌道をもつわけではない。この理由を説明せよ。

**【5】** 二重結合をつくらない原子を示し，その理由を説明せよ。

**【6】** 下記のデータ（単位はすべて kJ/mol）を用いて，MgOの格子エネルギー $U_0$(MgO) を計算せよ。

Mg(s) を原子状の Mg(g) とするのに要するエネルギー $\Delta H_{sub} = 146$，Mgの第一および第二イオン化エネルギー $IE_1 = 737$，$IE_2 = 1\,450$，Oの第一および第二電子親和力 $EA_1 = 141$，$EA_2 = -844$，$(1/2)O_2(g)$ を O(g) にするのに要するエネ

ルギー $D_{O-O}=247$，Mg(s) と $O_2$(g) とから MgO(s) が生成するときの生成エネルギー $\Delta H_f = -602$。

【7】 下記のデータ（単位はすべて kJ/mol）を用いて，酸素原子（O）の第二電子親和力（$EA_2$(O)）の値を計算せよ。

Ba(s) と (1/2)$O_2$(g) とから BaO(s) が生成するときの生成エネルギー $\Delta H_f = -560$，Ba(s) を Ba(g) とするのに要するエネルギー $\Delta H_{sub}$(Ba) = 157，Ba の第一および第二イオン化エネルギー $IE_1$(Ba) = 503，$IE_2$(Ba) = 965，(1/2)$O_2$(g) を O(g) にするのに要するエネルギー $D_{O-O}$(O) = 247，O の第一電子親和力 $EA_1$(O) = 141，BaO(s) の格子エネルギー $U_0 = 3130$。

【8】 バンドギャップが 64.5 kJ/mol である Ge 結晶に光を照射して電気伝導性を示すのに必要な光の波長を示せ。

# 5章

# 分子間相互作用

　自然界には,さまざまな力が存在する。原子核内で陽子や中性子を結び付ける,きわめて近距離で働く核力から,電荷間で働く静電力や重力がある。化学で問題とする力は,大きく二つに分けることができよう。原子間あるいはイオン間で働く比較的強い力と,分子間に働く比較的弱い力である。前者は共有結合,イオン結合,金属結合を形成する力であり,それらの結合についてはすでに4章で述べた。それらを簡単にまとめると以下のようになる。共有結合は強い結合であり,典型的な結合エネルギーは250〜400 kJ/molである。例えば,C-CおよびH-Hの結合エネルギーはそれぞれ,346, 432 kJ/molである。極性があるとさらに強くなる。例えば,Si-F結合では565 kJ/molである。非共有電子対どうしの反発が大きいものは若干結合が弱い傾向がある。例えば,F-F,N-N結合ではそれぞれ,153, 167 kJ/molとなる。共有結合は軌道の重なりが大きくなければならないという基準のため,強い方向性を示す。また,共有結合に関わる力は,短距離で作用する力である。イオン結合のエネルギーは静電エネルギーであり,イオン間の結合距離によって決まる。$Li^+$と$F^-$のような小さなイオン対では約686 kJ/mol,$Cs^+$と$I^-$のような大きなイオン対ではその半分程度である。すなわち,イオン結合のエネルギーは共有結合のエネルギーと同程度である。イオン結合は,静電相互作用であるので,方向性をもたない。また,力はイオン間の距離の2乗に反比例するので,かなり長距離にわたり作用する力である。金属結合のエネルギーはアルカリ金属のように価電子のみが結合に関与している場合には比較的弱く,80〜160 kJ/mol程度である。タングステンのように850 kJ/molほどに達するものもあるが,平均的にいう

と，金属結合は共有結合やイオン結合に比べると若干弱い結合であるといえる。

本章では，主に分子間に働く比較的弱い力について述べる。さまざまな力を比較する場合に重要なのは，それらの相対的な強さ，距離依存性，方向性である。

## 5.1 イオン-双極子相互作用

4章でもふれたように，異核原子の結合では，2原子の電気陰性度の差により，原子核付近の電子密度も異なってくる。その結果，結合に**分極**（polarization）が生じ，一方の原子は部分的に正電荷を，他方の原子は負電荷を帯びる。このような**極性結合**（polar bond）を $\delta^+$ および $\delta^-$ の記号を付けて表す（**図 5.1**）。極性結合が存在すると，一般に分子は極性をもち，**双極子**（dipole）として振る舞う。

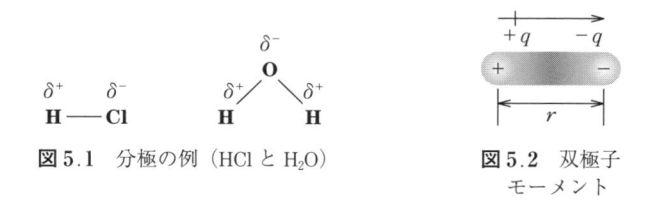

**図 5.1** 分極の例（HCl と H₂O）

**図 5.2** 双極子モーメント

分子の分極の程度を表す尺度として**双極子モーメント**（dipole moment, $\mu$）がある。双極子モーメントの大きさは，正負の電荷 $\pm q$ の絶対値と電荷の中心間の距離 $r$ の積として与えられ，しばしば正から負に向かう記号 ↦ で表される（**図 5.2**）。

$$\mu = q \times r \tag{5.1}$$

通常用いられる単位はデバイ〔D〕で，1 D = 3.335 64 × 10⁻³⁰ C·m である。例えば，電子の電荷 $-e$ の 20%（$-0.2 \times 1.6 \times 10^{-19}$ C）が，正の同量の電荷から 0.1 nm（$10^{-10}$ m）離れた所にあるとすると，双極子モーメントは約 1 D となる。

双極子を電場の中に置くと電場の勾配の方向に並ぶ。この電場がイオンによって生じたものであれば，双極子のイオンと逆の電荷をもった側はイオンの

方を向き，もう一方のイオンと反発する側はその逆の方向を向くように配向し，イオン−双極子相互作用が起こる（図 5.3）。分子が特定の方向を向くという意味で，イオン−双極子相互作用は方向性がある。

図 5.3 イオン−双極子相互作用（陽イオン $M^+$ と陰イオン $X^-$ の場合）

イオン−双極子相互作用のエネルギー $E$ は

$$E = -\frac{|q|\mu}{4\pi\varepsilon_0 r^2} \tag{5.2}$$

で与えられる。$\varepsilon_0$ は真空の誘電率，$r$ はイオンと双極子の距離である。イオン−双極子相互作用のエネルギーは，イオンの電荷と双極子の双極子モーメントに比例し，イオンと極性分子の距離の 2 乗に反比例する。そのエネルギーは 40〜600 kJ/mol 程度である。

イオン−双極子相互作用は，例えば塩化ナトリウムが水に溶解するように，イオンが極性の溶媒に溶解する際，重要な働きをする。また，特定のクラウンエーテルに特定の金属イオンが選択的に取り込まれる際の基となっている。

## 5.2　双極子−双極子相互作用

この相互作用に関わる力は，2 個の極性分子が近づいたとき両者の間に生じる静電的引力である。**配向力**（orientation force）あるいは**キーサム**（Keesom）**力**と呼ばれ，後に出てくるファン・デル・ワールス力の一成分である。ある特定の配向をするという意味において，この力も方向性がある。この相互作用のエネルギーはおよそ 5〜25 kJ/mol である。両極端の配列を図 5.4 に示すが，エネルギーが最大となるのは，双極子が 1 列に並んだときであり（図(a)），

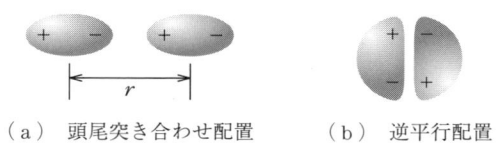

(a) 頭尾突き合わせ配置　　(b) 逆平行配置

**図5.4** 二つの双極子の配置

$$E = -\frac{2\mu_1\mu_2}{4\pi\varepsilon_0 r^3} \tag{5.3}$$

で与えられる。$\mu_1, \mu_2$ は各分子の双極子モーメントである。実際には熱運動のため，双極子は理想的な配向に留まることはできない。相互作用のあらゆる配置に対する相互作用のエネルギーの平均値は

$$E = -\frac{2}{3}\frac{(\mu_1\mu_2)^2}{(4\pi\varepsilon_0)^2 k_B T r^6} \tag{5.4}$$

となる。ここで，$k_B$ は**ボルツマン定数**（Boltzmann's constant）である。各々の永久双極子モーメントの2乗に比例し，温度と距離の6乗に反比例する。この相互作用は，水やフッ化水素のような極性液体の会合や構造の原因となっている。

## 5.3　イオン-誘起双極子相互作用

貴ガス原子のような電荷のない非極性分子のそばにイオンをもってくると，その原子や分子の電子雲を変形し，双極子モーメントを誘起する（分極を起こす）。すると，イオンとこの誘起された双極子モーメントの間に相互作用（引力）が起こる。相互作用のエネルギーはイオン電荷の2乗，非極性分子の**分極率**（polarizability）$\alpha$ に比例し，イオンと分子の距離の4乗に反比例する。

$$E \propto -\frac{1}{2}\frac{q^2\alpha}{r^4} \tag{5.5}$$

イオン性化合物の非極性溶媒溶液におけるイオンと非極性溶媒分子の相互作用において重要である。

分極率 $\alpha$ は，分子が局所電場 $E_{局所}$ の中に置かれたとき誘起される双極子モーメント $\mu_{誘起}$ によって

## 5. 分子間相互作用

$$\alpha = \mu_{誘起}/E_{局所} \tag{5.6}$$

で定義される。単位は $C \cdot m^2/V$ であるが，通常，$\alpha/(4\pi\varepsilon_0)$（単位：$m^3$）として表される。**表**5.1 に代表的な元素やイオンの分極率を載せたが，分極率は，高電荷の陰イオンでは大きく，高電荷の陽イオンでは小さい。これは，陰イオンは大きくて分極されやすく，陽イオンは小さくて分極されにくいためである。また，周期表において下に行くほど増加する。一般に電子をたくさんもち，電子雲が広がっているイオン，原子および分子は大きな $\alpha$ をもつ。

**表**5.1 イオンや元素の分極率（$\alpha/(4\pi\varepsilon_0)$〔$\times 10^{-30} \, m^3$〕）

|   |   | He 0.201 | Li$^+$ 0.029 | Be$^{2+}$ 0.008 | B$^{3+}$ 0.003 | C$^{4+}$ 0.0013 |
|---|---|---|---|---|---|---|
| O$^{2-}$ 3.88 | F$^-$ 1.04 | Ne 0.39 | Na$^+$ 0.179 | Mg$^{2+}$ 0.094 | Al$^{3+}$ 0.052 | Si$^{4+}$ 0.0165 |
| S$^{2-}$ 10.2 | Cl$^-$ 3.66 | Ar 1.62 | K$^+$ 0.83 | Ca$^{2+}$ 0.47 | Sc$^{3+}$ 0.286 | Ti$^{4+}$ 0.185 |
| Se$^{2-}$ 10.5 | Br$^-$ 4.77 | Kr 2.46 | Rb$^+$ 1.4 | Sr$^{2+}$ 0.86 | Y$^{3+}$ 0.55 | Zr$^{4+}$ 0.37 |
| Te$^{2-}$ 14 | I$^-$ 7.1 | Xe 3.99 | Cs$^+$ 2.42 | Ba$^{2+}$ 1.55 | La$^{3+}$ 1.04 | Ce$^{4+}$ 0.73 |

### 5.4 双極子-誘起双極子相互作用

イオンの代わりに双極子が無電荷で非極性な原子や分子に双極子を誘起すれば，双極子-誘起双極子相互作用が起こる（**図** 5.5）。この相互作用に関わる力は**誘起力**（induction force）あるいは**デバイ**（Debye）**力**と呼ばれ，ファン・デル・ワールス力の一成分である。相互作用のエネルギーは

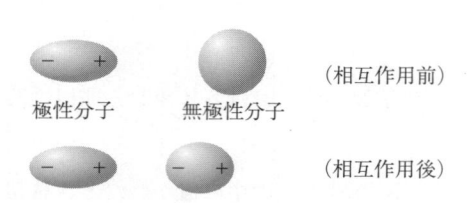

**図** 5.5 イオン-双極子相互作用

$$E = -\frac{\alpha_1 \mu_2^2 + \alpha_2 \mu_1^2}{(4\pi\varepsilon_0)^2 r^6} \tag{5.7}$$

で与えられる。$\alpha_1, \alpha_2$ および $\mu_1, \mu_2$ はそれぞれ，相互作用する分子1, 2の分極率および双極子モーメントである。片方のみが双極子 $\mu$ をもち，もう一方が分極される場合には（分極率 $\alpha$）

$$E = -\frac{\alpha \mu^2}{(4\pi\varepsilon_0)^2 r^6} \tag{5.8}$$

となる。永久双極子モーメントの2乗および分極率に比例し，距離の6乗に反比例する。距離依存性は双極子-双極子相互作用の場合と同じである。相互作用のエネルギーは一般に小さく 1～10 kJ/mol 程度である。極性化合物の非極性溶媒溶液中で重要な相互作用である。

## 5.5　瞬間的双極子-誘起双極子相互作用

5.1節～5.4節で述べてきた相互作用（力）ではイオンや双極子の存在が必要である。しかし，例えばアルゴン原子は電荷も双極子ももたないが，アルゴンは低温で固体状態となる。これはアルゴン原子間に何らかの力（引力）が働いているためである。この非極性分子（原子）間に働く力を**分散力**（dispersion force）あるいは**ロンドン**（London）**力**と呼び，ファン・デル・ワールス力の一成分である。この力をヘリウムについて考える。ヘリウムは無極性でその双極子モーメントの時間平均はゼロであるが，各瞬間には原子核とまわりの電子雲の重心位置が電子雲のゆらぎのため一致せず，有限の双極子モーメントが誘起される。この瞬間的な誘起双極子がつくる電場の影響によって隣の He 原子が分極され，双極子モーメントをもつようになる（**図 5.6**）。この二つの誘起双極子間の相互作用力の時間平均はゼロとならない。このため無極性分子間でも引き合う力が生ずる。この相互作用のエネルギーは

$$E = -\frac{3\alpha_1 \alpha_2}{2(4\pi\varepsilon_0)^2} \left( \frac{I_1 I_2}{I_1 + I_2} \right) \frac{1}{r^6} \tag{5.9}$$

98    5. 分子間相互作用

(時間平均した He 原子の電子雲)

(ある瞬間の He 原子の電子雲のゆらぎ)

(瞬間的双極子により誘起された双極子：2 双極子間の相互作用)

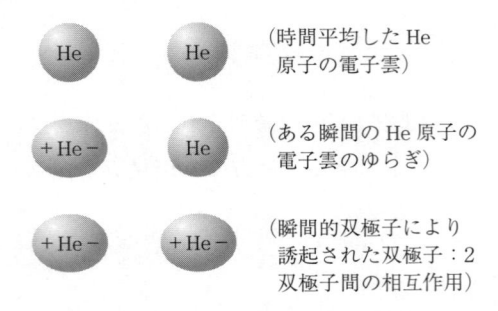

**図 5.6**　瞬間的双極子-誘起双極子相互作用

で与えられる。$I_1, I_2$ は分子（原子）1, 2 のイオン化エネルギーである。同種の分子あるいは原子間では

$$E = -\frac{1}{(4\pi\varepsilon_0)^2}\frac{3\alpha^2 I}{4r^6} \tag{5.10}$$

となる。すなわち，分極率の 2 乗とイオン化エネルギーに比例し，距離の 6 乗に反比例する。この相互作用のエネルギーは 0.1〜40 kJ/mol であり，一般に小さい。しかし，$\alpha^2$ 項があるために，分散力は，分子体積の増大と分極される電子の数の増加とともに急速に大きくなる。

## 5.6　ファン・デル・ワールス相互作用

以上出てきた双極子-双極子相互作用，双極子-誘起双極子相互作用，瞬間的双極子-誘起双極子相互作用を合わせて**ファン・デル・ワールス相互作用**と呼ぶ。いずれの相互作用のエネルギーも距離の 6 乗に反比例するので，一定温度で相互の大きさを比較することができる（**表 5.2**）。極性のない分子では瞬間的双極子-誘起双極子相互作用のみが働く。極性の強い分子では双極子-双極子相互作用の寄与が大きい。そして，双極子-誘起双極子相互作用の寄与は常に小さい。キーサム力，デバイ力，ロンドン力を合わせて**ファン・デル・ワールス力**（van der Waals force）と呼ぶ。

表5.2 3種のファン・デル・ワールス力の寄与 〔kJ/mol〕

| 結 晶 | 双極子モーメント (D) | キーサム力 | デバイ力 | ロンドン力 | 合 計 |
|---|---|---|---|---|---|
| Ar | 0 | 0 | 0 | 8.49 | 8.49 |
| CO | 0.12 | 0.000 4 | 0.008 | 8.74 | 8.74 |
| HI | 0.38 | 0.025 | 0.113 | 25.9 | 26.0 |
| HBr | 0.78 | 0.686 | 0.502 | 21.9 | 23.1 |
| HCl | 1.03 | 3.31 | 1.00 | 16.8 | 21.1 |
| $NH_3$ | 1.50 | 13.3* | 1.55 | 14.7 | 29.6 |
| $H_2O$ | 1.84 | 36.4* | 1.92 | 9.00 | 47.3 |

* 水素結合を含む。

## 5.7 反　発　力

　今まで述べてきた力は，本質的にはどれも引力である。これら引き合う力に対抗しているのは，核と核の反発（$H_2$分子では重要）とさらに重要なのは内殻電子（芯電子）の反発に基づく反発力である。原子間距離がきわめて短くなると各原子の内殻電子雲の重なりが起こり，パウリの禁制原理に基づく反発が極度に大きくなる。この反発のエネルギーは $E = k/r^n$ ($k > 0$) で与えられる。$n$ の値は 5 から 12 の範囲である。

## 5.8 水　素　結　合

　**水素結合**（hydrogen bond）は，水素が介在してつくられる結合である。1個の水素原子が2個以上の他の原子と結合しているときに存在する。水素原子には共有結合に関わることのできる軌道は 1s しかないので，水素結合は通常の共有結合ではない。典型的な水素結合は，水素原子が2個の電気陰性度の大きな原子（3.3.3項 参照）に挟まれているときに生じる。
　A—H···B
　A—H は通常の結合距離が短い共有結合であり，H···B は結合距離が長く弱い水素結合である。B は A と同じ原子でもよい。典型的な水素結合のエネ

ギーは 10〜40 kJ/mol である。水素原子の関わる軌道は 1s だけなので，水素結合自身には方向性はないと考えられるが，両側にいる電気陰性度の大きな原子どうしの反発を小さくするため，他の要因がなければ，A—H⋯B は直線構造となる。

　水素結合は，単純な静電モデルである程度定性的に説明できる。例として，フッ化水素（HF）を考える。HF 分子では，H の 1s 軌道と F の 2p 軌道が重なって共有結合を形成するが，この H の 1s 軌道の電子は F 側に引き寄せられて，電子雲に偏りが起こる。H 近傍は電子密度が低下して正に帯電し（一般的 $\delta^+$ と表記），また F 側は電子密度が増加して負に帯電する（一般的に $\delta^-$ と表記）。すなわち，分極が起こる。このように H—F の結合間に電子雲の偏りが生じた場合には，一分子中の $\delta^+$ と隣接する分子中の $\delta^-$ の部分がたがいに静電的に引き寄せられる。HF 分子間の静電的結合を模式的に表すと，つぎのようになる。

$$F^{\delta -}—H^{\delta +}\cdots F^{\delta -}—H^{\delta +}\cdots F^{\delta -}—H^{\delta +}$$

実際の構造では F—H⋯F の結合角が 116°で，H—F の原子間距離が 95 pm であるのに対し，H⋯F 間の水素結合の距離は 155 pm である。

　水素結合が物質の性質を決める大きな要因となっている典型例として，水素化物の融点と沸点が挙げられる。**図 5.7** に，水素化物の沸点と融点を図示したが，一般に一連の水素化物では原子番号の増加とともに，それらの融点，沸点とも上昇する。これは，原子番号の大きな元素の水素化物ほど分子間相互作用に基づく結合が強く，その結合を切るのに高い温度を必要とするからである。この一般則に従えば，$H_2O$ の融点，沸点はそれぞれ $-100$℃，$-90$℃程度になるはずである。しかし，実際にはそれぞれ 0℃，100℃ と異常に高い融点と沸点をもち，これは，分子量が水よりもずっと大きい物質に相当する。このようになる原因も $H_2O$ 分子間に水素結合が形成されていると考えれば理解することができる。$H_2O$ 上にある 2 個の H は，O 上の 2p 軌道と共有結合を形成するが，電子雲は H 側よりも O 側に偏り，その結果 H は $\delta^+$ に帯電し O は $\delta^-$ に帯電する。これによって，$H_2O$ の $H^{\delta+}$ と隣接する $H_2O$ の $O^{\delta-}$ との間で静電的な結

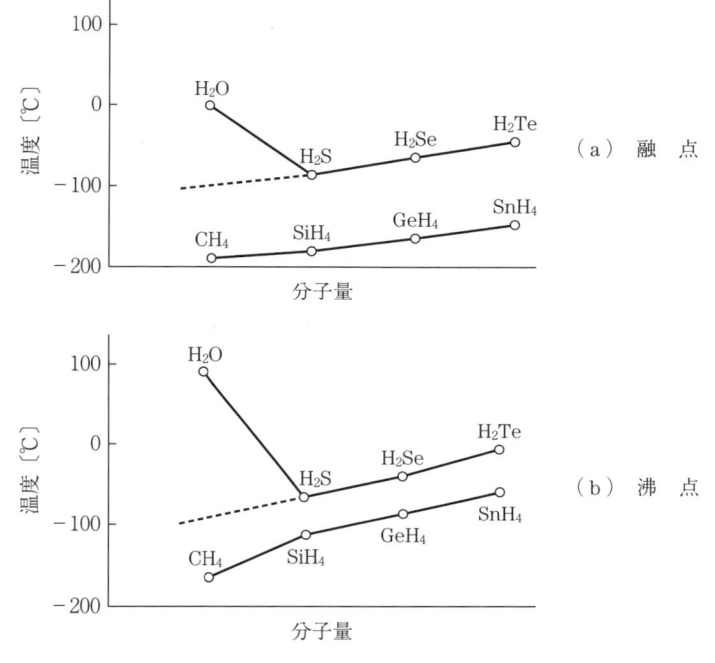

**図 5.7** 水素化物の融点と沸点

合が生じる。$H_2O$ 分子どうしの静電的結合を模式的に示すと以下のようになる。

$$H^{\delta+}\!-\!O^{\delta-}\cdots H^{\delta+}\!-\!O^{\delta-}\cdots H^{\delta+}\!-\!O^{\delta-}\cdots$$
$$\phantom{H^{\delta+}\!-\!O^{\delta-}\cdots}|\phantom{H^{\delta+}\!-\!O^{\delta-}\cdots}|\phantom{H^{\delta+}\!-\!O^{\delta-}\cdots}|$$
$$\phantom{H^{\delta+}\!-\!O^{\delta-}\cdots}H^{\delta+}\phantom{\!-\!O^{\delta-}\cdots}H^{\delta+}\phantom{\!-\!O^{\delta-}\cdots}H^{\delta+}$$

なお，このような水素結合は $H_2S$ （および図 5.7 中の $H_2O$ 以外の水素化物）では起こらない。これは，S 原子と H 原子の電気陰性度の差が小さいためである（3.3.3 項 参照）。

上記の例の他，水素結合は，水の性質や水と他の物質との親和性にも重要な働きをしている。また，タンパク質の高次構造の形成や，DNA の二重らせん構造の形成にも深く関わるなど，物質の性質を決める上で，水素結合が大きく関与している例は多い。なお，水素結合が一分子内で形成されることもあり，これは**分子内水素結合**と呼ばれる。

## 5.9 電荷移動相互作用

電子供与体 (donor) D と電子受容体 (acceptor) A の間で電荷が移動することによって生じる相互作用を**電荷移動相互作用**という．また，生成する化合物を**電荷移動** (charge transfer, **CT**) **錯体**という．無色あるいは薄い色をした有機化合物を混合したとき強い着色が認められることがある．例えば，淡黄色の 1, 3, 4-トリニトロベンゼンの溶液と $N, N$-ジメチルアニリンの溶液を混合すると赤色を呈する．このような錯体は，電荷が移動していない状態 D・A と電荷が移動した状態 $D^+ \cdot A^-$ が共鳴（電子の移動による分子内での電荷分布の変化）して安定化した状態にある．

電荷移動の程度が大きくなると電子が移動し，イオン型の分子間化合物になる．

## 演 習 問 題

【1】 塩化リチウムを水に溶かしたときの，$Li^+$ と水分子，$Cl^-$ と水分子の相互作用の様子を図示せよ．

【2】 つぎの化合物を，分極率の小さい順に並べよ．
$CH_4$，$CH_3Cl$，$CH_2Cl_2$，$CHCl_3$，$CCl_4$
ヒント 電子の数が多く，電子雲が広がっているものほど，分極されやすい．

【3】 貴ガスの沸点は，原子量の増加とともに上昇する．その理由を説明せよ．

【4】 一般に，一価アルコールとその構造異性体であるエーテルでは，エーテルのほうが沸点が低い．この理由を説明せよ．
ヒント アルコール分子間には，水素結合が存在する．

【5】 酢酸 ($CH_3COOH$) は，2分子が水素結合で結び付き，まとまった一つの分子（二量体）を形成し，会合している．酢酸の二量体中の結合を図示せよ．

# 6章
# 分子の構造

　4章では化学結合を扱ったが，三つ以上の原子あるいはイオンが化学結合で結び付くと，構造が生まれる。イオン結合では，クーロン（静電）力により結合ができる。そのため，一つのイオンのまわりには，できるだけ多くの反対符号のイオンが取り囲むのがよい。しかし，それは陽イオンと陰イオンの半径比から制限を受けるため，この半径比がイオン結晶の構造を決める一つの要因となっている。また，金属結合では，最外殻電子を多くの原子で共有することによって全体のエネルギーを下げるため，原子は最密充填か，またはそれに近い充填構造をとることになる。

　共有結合では，軌道の重なりが最大となるように結合ができるため，結合に強い方向性があり，これが分子の構造を決定する主要因となる。この際，原子価結合理論を基にして分子の構造を考えようとすると，理論的に説明できない分子にしばしば出会う。代表例が炭素と水素からなる一連の炭化水素であろう。これらの化合物は原子軌道の重なりを起こして新たな結合を形成しやすく，これによって原子価結合理論では説明できない分子軌道が形成される。炭素原子の $1s^2 2s^2 2p^2$ という電子配置からすると，最も簡単な炭化水素は $CH_2$ であると考えられるが，これは分子として安定には存在せず，最も簡単な炭化水素は $CH_4$ となる。すなわち，$CH_2+2H$ の集合体よりも，炭素に二つ余分な結合ができた $CH_4$ のほうが安定である。共有結合が有する独特の方向性と分子の3次元的な広がりを説明するため，理論的な展開がなされ，混成軌道の概念につながった。本章6.1節では，共有結合により形成される分子構造を説明するための混成の考え方を説明する。さらに，6.2節では，原子価殻電子対反発

モデルに基づく簡単な分子の構造推定法を紹介する。

## 6.1 共有結合性の分子（混成）

共有結合性の分子が形成されるには，原子軌道の方向が一致し，軌道の重なりが最大になる必要がある。ここでは，混成軌道の代表例として炭化水素を取り上げて説明する。

炭素（$_6$C）原子の電子配置は $1s^2 2s^2 2p^2$ であり，電子のスピン状態は表2.3に示されている。2s軌道と2p軌道には，各2個の電子が収容されているが，ここで2s軌道の電子1個が2p軌道へ昇位すると，2s軌道および2p軌道は4個の等価な不対電子（$sp^3$混成）を形成する（**図6.1**）。1原子内で種々の軌道が混ぜ合わされることを**混成**（hybridization）と呼び，さらに混成によって新しく形成される軌道を**混成軌道**（hybrid orbital）と呼ぶ。

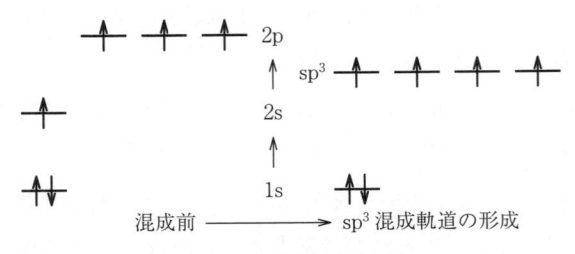

**図6.1** $sp^3$混成軌道の形成

2s軌道の電子が2p軌道の電子軌道に移り，混成すると静電的な反発を避けるために，電子雲の形状にも影響が現れる。s軌道とp軌道の混成による電子雲変化の概念図を**図6.2**に示す。元々，2s軌道の電子雲の形状は球状であり，p軌道の形状は3次元空間の $x, y$ 軸および $z$ 軸にそれぞれ広がった亜鈴状である。s軌道の位相は+であるのに対し，p軌道の位相は原点を挟んで一方向の電子雲の場合が+，逆方向の電子雲の場合が-の位相となる。+の位相をもつs軌道の電子雲と，同じく+の位相を有するp軌道の電子雲が重なると（$sp^3$混成の場合，近似的には1:3の割合で混合），電子雲は大きく膨れた形状とな

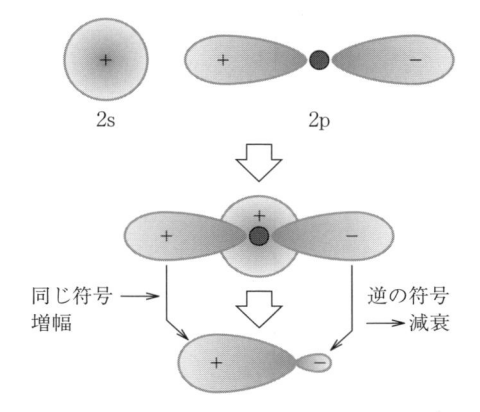

図6.2 s軌道とp軌道の重なりによる混成軌道の形成

る。これに対して，＋の位相をもつs軌道の電子雲と，－の位相を有するp軌道の電子雲が重なると，電子雲は小さくなる。したがって，s軌道およびp軌道の電子雲が混成すると，片方が大きく膨れた形状となる。このような混成がs軌道と3個のp軌道で起こった場合には，合計四つの混成軌道が形成されることになる。この場合，s軌道の電子が1個と，p軌道の電子が3個で混成することから**$sp^3$混成**と呼ばれ，形成された軌道は**$sp^3$混成軌道**と呼ばれる。なお，エネルギー的にみると，1個の2s軌道と3個の2p軌道のエネルギーの和は，4個の等価な$sp^3$混成軌道のエネルギーの和に等しい。$sp^3$混成の電子雲の概念図を**図6.3**に示す。このように等価な四つの軌道が形成される場合，最も安定な構造は四面体構造となる。この$sp^3$混成の代表例にはメタン（$CH_4$）がある（**図6.4**）。前述のように，炭素原子が混成軌道を形成する場合，2s軌道および2p軌道には不対電子が合計で4個存在することになるが，これら4個の不対電子に対して，同じく4個の不対電子が逆スピンで収容されることによって安定な構造が形成される。なお，C—H間の結合は，単結合（一重結合，σ結合とも呼ばれる）から成る共有結合によって形成されている。

　2s軌道の電子が2p軌道に昇位しても，必ずしも全部の電子が混成に関わるわけではなく，それらのうち3個の電子が混成に関与する場合もある。その代

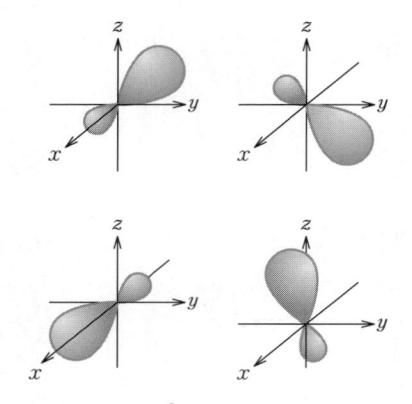

**図 6.3** sp³混成軌道の概念図 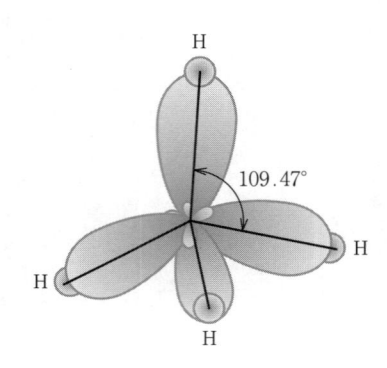　　**図 6.4** メタンの分子構造の概念図

表例がエチレン（$H_2C=CH_2$）である。炭素原子の電子配置変化の模式図を示すと，前述のメタン（$CH_4$）と同様に，2s 軌道の電子が 1 個昇位して 2p 軌道に収容される。エチレンの電子雲の状態がメタンの場合と異なる点は，混成には 2s 軌道の電子 1 個と，2p 軌道の電子が 2 個の合計 3 個で混成軌道が形成され，$2p_z$ は混成に寄与しない点にある（**図 6.5**）。このような混成を **sp² 混成** と呼び，sp³ 混成と区別している。形成される軌道は **sp² 混成軌道** と呼ばれる。エネルギー的には，3 個の等価な sp² 混成軌道のエネルギーの和は，1 個の 2s 軌道と 2 個の 2p 軌道のエネルギーの和に等しい。sp² 混成の場合の電子雲の概念図を**図 6.6**に示す。空間的に三つの電子雲（ローブ）がそれぞれ最も距離が離れるように配置され，結果として平面三角形型の構造（三つのローブがたがいに 120°の角をなす）になる。このような電子雲の存在を基に，エチレン

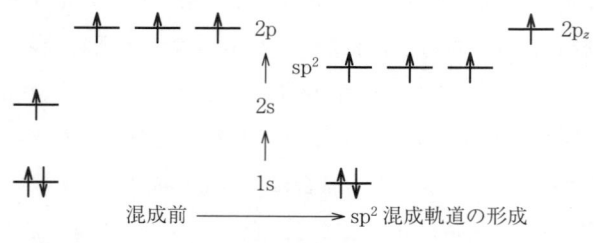

**図 6.5** sp² 混成軌道の形成

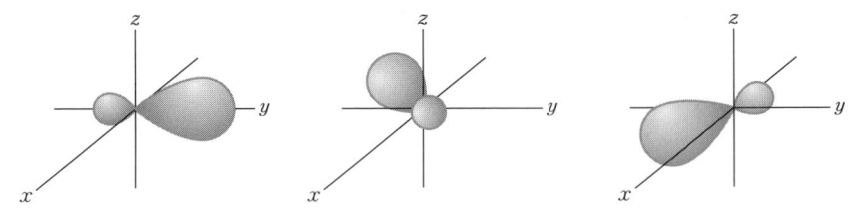

**図 6.6** sp$^2$ 混成軌道の概念図

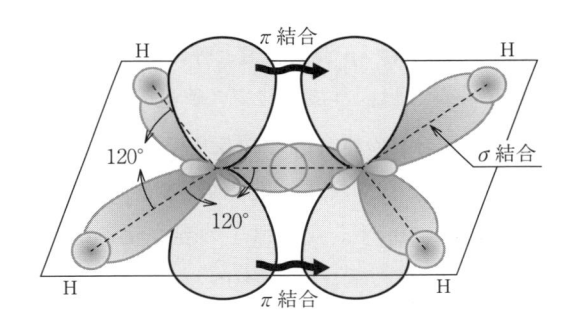

**図 6.7** エチレンの分子構造の概念図

の電子雲の概念図を**図 6.7**に示す。炭素原子の混成軌道は平面上に形成され（いずれも $\sigma$ 結合），さらに H—C—H の結合角は 120° となっている。一方，混成軌道の形成に関わりのない 2p$_z$ 軌道の電子 1 個は，平面と垂直な方向に電子雲の広がりを形成しており，2 個の炭素平面上に垂直に広がる電子雲はたがいに重なり（$\pi$ 結合），平面上の結合（すなわち，C—H 結合や C—C 結合）と比較してゆるやかである。2 個の炭素原子は 2 個の結合，すなわち二重結合で結合していることになる。なお，単結合の表記は C—C（または C：C）のように表すが，二重結合は C＝C（または C∷C）のように表記される。

上記の sp$^2$ 混成では，合計 3 個の電子が混成に関わっている。一方，アセチレン（CH≡CH）の場合には，合計 4 個の価電子のうち，2 個の電子が混成に関わる。炭素原子の電子配置を模式的に示すと，前述のメタン（CH$_4$）やエチレン（C$_2$H$_4$）と同様に，2s 軌道の電子が 1 個昇位して 2p 軌道に収容される。アセチレンの電子配置の特徴は，2s 軌道の電子 1 個と，2p 軌道の電子が 1 個の合計 2 個で混成軌道が形成される点にある（**図 6.8**）。このような混成を **sp**

## 6. 分 子 の 構 造

```
混成前  ───────→  sp混成軌道の形成
```

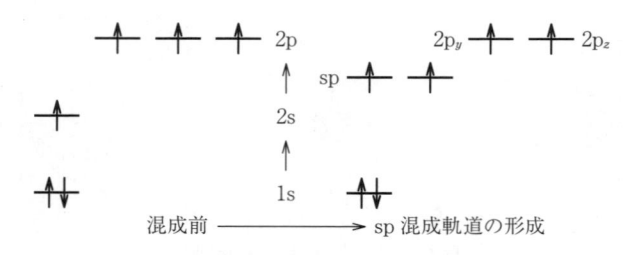

**図 6.8** sp 混成軌道の形成

混成と呼び，形成される軌道は **sp 混成軌道**と呼ばれる。$sp^3$ 混成や $sp^2$ 混成の場合と同様，エネルギー的には，混成前後での軌道のエネルギーの和は変わらない。sp 混成の場合の電子雲の概念図を**図 6.9** に示す。二つの電子雲（ローブ）はたがいに逆方向に広がっており，直線構造が形成される。アセチレンの電子雲の概念図を**図 6.10** に示す。炭素原子の混成軌道は直線状に形成され（いずれも $\sigma$ 結合），H—C—C の結合角は 180° となっている。一方，混成軌道の形成に関わりのない 2p 軌道の電子 2 個（$2p_y$ および $2p_z$）は，直線状の H—C—H 構造とそれぞれ垂直な方向に 2 種類の電子雲の広がりを形成している。

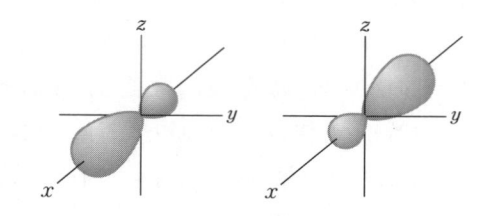

**図 6.9** sp 混成軌道の概念図

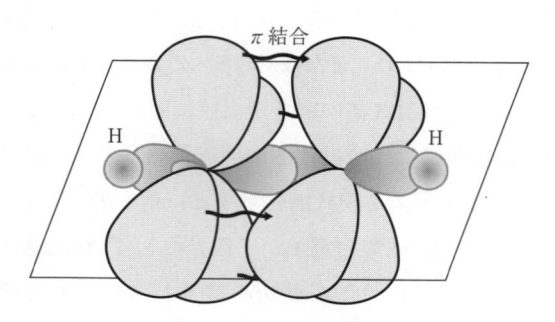

**図 6.10** アセチレンの分子構造の概念図

このような 2 種類の電子雲はたがいに重なり，π 結合を形成する．二つの炭素原子は三つの結合，すなわち**三重結合**（triple bond）で結合していることになる．なお，三重結合は C≡C（または C⋮⋮C）のように表記される．このように，C—C 間では，結合の軸となるのは σ 結合であるが，それとは別にゆるやかに 2 種類の π 結合が形成されている．σ 結合の他に π 結合の数が増えると炭素原子間の距離は短くなる．例えば，C—C の結合距離は 0.154 nm であるが，C=C の結合距離は 0.134 nm，さらに C≡C の結合距離は 0.120 nm となる．

これまでは，s 軌道の電子と p 軌道の電子の混成について説明してきたが，これらの軌道の電子に加えて，d 軌道の電子もしばしば混成に寄与する．d 軌道が混成に加わった例として，平面正方形（$sp^2d$，4 価），正方四角錐（$sp^2d^2$，5 価），三方両錐（$sp^3d$，5 価），正八面体（$sp^3d^2$，6 価）など，種々の構造を有する混成軌道が形成される．正方四角錐と三方両錐では，等価でない混成軌道が混在するが，平面正方形および正八面体の構造では，形成される混成軌道はすべて等価であり，ローブの向く方向だけが異なる．なお，$sp^2d$ 混成と $sp^3d^2$ 混成の例が 4.4.2 項に示されている．

## 6.2 原子価殻電子対反発モデル

前節で示したように，混成の考え方は，すでにわかっている分子の構造を説明するのに有用である．しかし，この考え方では，基本的には未知の分子の構造を予測することはできない．本節では，ある A 原子のまわりに $n$ 個の B 原子が取り巻いている $AB_n$ 形分子構造をある程度定性的に説明，予言できる**原子価殻電子対反発**（valence shell electron pair repulsion, vsepr）**モデル**を紹介する．このモデルでは，中心の A 原子の**原子価殻**（valence shell，他原子との結合に使うことのできる電子が収容されている殻）に存在する電子対の配置に注目する（原子価殻中に 2 個の電子が存在すると，それらは対になっていると考える）．なお，分子構造の定量的議論にはもっぱら分子軌道理論が用いられる．

vseprモデルの規制は，以下のように要約される。
1. 原子価殻のすべての電子対は立体化学的に活性である。
2. 電子対はできるだけ反発を小さくしようとする。理想的な立体配置は以下のとおりである。
   a. 配位数2は直線状
   b. 配位数3は三角形状
   c. 配位数4は四面体状
   d. 配位数5は三方両錐状
   e. 配位数6は八面体状
3. 電子対間の反発の順序は，非共有（孤立）電子対-孤立電子対（l.p.(lone pair)-l.p.）＞孤立電子対-共有（結合）電子対（l.p.-b.p.(bonding pair)）＞結合電子対-結合電子対（b.p.-b.p.）となる。すなわち，非共有（孤立）電子対のほうが共有（結合）電子対より，空間的に広い場所，大きな角体積，を占める。
   a. 非共有電子対があると，結合角は規則2で予想されるよりも小さくなる。
   b. 非共有電子対は一番大きな場所を選ぶ。例えば三方両錐状ではエカトリアル位置を占める。
   c. どの位置も等価のときは，非共有電子対はたがいにトランス（ある基準に対して反対の位置）の位置を占める。
4. 多重結合は単結合よりも場所をとる。ただし，規則2の立体配置を決める際，結合の多重性は考慮しない。
5. 電気陰性な基を結んでいる結合対は，この基より電気陽性な基を結んでいる結合対より小さな体積を占める。

以下に，いくつかの分子やイオンを例に挙げて，vseprモデルの規則がどのように適用されるかを示す。

まず，中心原子の原子価殻に非共有電子対が存在しない場合について説明する。メタン$CH_4$の炭素原子の原子価殻には自身の電子が4個，それぞれの水

素から1個ずつ，計8個の電子，すなわち4個の電子対が存在する．結合が4個あるので，これらの電子対はいずれも共有電子対である．規則2cよりメタンの構造は四面体状となる．同様にして，テトラフルオロホウ酸イオン $BF_4^-$ やアンモニウムイオン $NH_4^+$ も四面体構造をとることが予想され，実際，これらイオンは四面体状の構造をしている（**図6.11**）．$BF_4^-$ ではホウ素原子の原子価殻に自身の電子が3個，それぞれのフッ素から1個ずつ，-1の電荷分の1電子を加え，計8個の電子，すなわち4個の電子対が存在する．結合が4個あるので，これらの電子対はいずれも共有電子対である．規則2cより $BF_4^-$ の構造は四面体状となる．

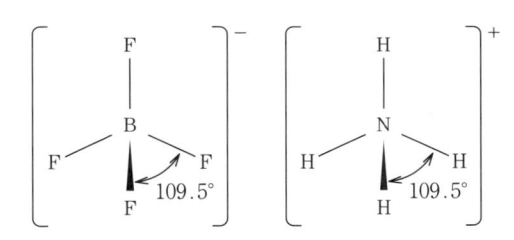

**図6.11** $BF_4^-$ および $NH_4^+$ の構造

中心原子が第2周期までの元素では，原子価殻の電子対は最大4であるが，第3周期以降の原子では，d軌道が使えるため，より多くの電子対が収容可能である．五塩化リン $PCl_5$ では，リン原子の原子価殻には自身の電子が5個，それぞれの塩素原子から1個ずつ，計10個の電子，すなわち5個の電子対が存在する．結合が5個あるので，これらの電子対はいずれも共有電子対である．規則2dより五塩化リンの構造は三方両錐状となる（**図6.12**）．三方両錐

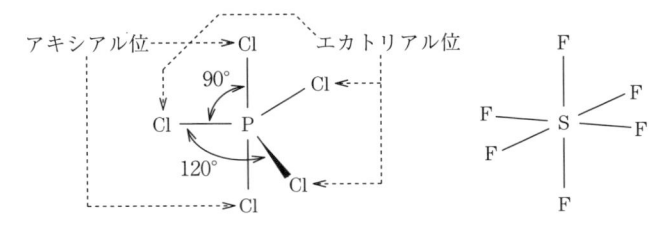

**図6.12** $PCl_5$ および $SF_6$ の構造

構造の場合，2種類の結合，すなわち直線状に並んだCl-P-Clの部分（アキシアル）と，三角形の面をつくっている三つのP-Cl結合の部分（エカトリアル）がある。アキシアルとエカトリアルの結合は空間的に等価ではない。六フッ化硫黄$SF_6$では，硫黄の原子価殻に6対の共有電子対が存在し，八面体構造をとることになる（図6.12）。

つぎに，中心原子の原子価殻に非共有電子対が存在する分子の構造がvseprモデルにより，どのように推定されるかを示そう。四フッ化硫黄$SF_4$では，硫黄の原子価殻に5個の電子対がある。実際の結合は4本なので，結合電子対が4個，非結合電子対が1個存在し，5電子対の配置は三方両錐状である。この場合，非共有電子対に可能な場所がエカトリアル位置とアキシアル位置の2箇所ある。アキシアル位置（**図6.13**(a)）は，これと90°の角度をなす位置が三つあるのに対し，エカトリアル位置（図(b)）は二つである（120°でふれ合うエカトリアル位置が二つあるが，120°の相互作用は小さいと考えられる）。すなわち，エカトリアル位置のほうが空間的に余裕がある。このため，規則3bに従って，非共有電子対はエカトリアルの位置を占めることになる。さらに，非共有電子対が共有電子対より大きな空間（角体積）を占めるため，エカトリアルのF-S-F結合角は120°より狭められ，アキシアルのF-S-F結合角は180°より狭められることが予想される。実際の構造も予想どおりとなっている（図(c)）。なお，vseprモデルでは角度が狭められることは予想できるが，その程度は予想できない。三フッ化塩素$ClF_3$の中心原子の原子価殻には10個の電子があり，5個の電子対のうち3個が共有電子対，2個が非共

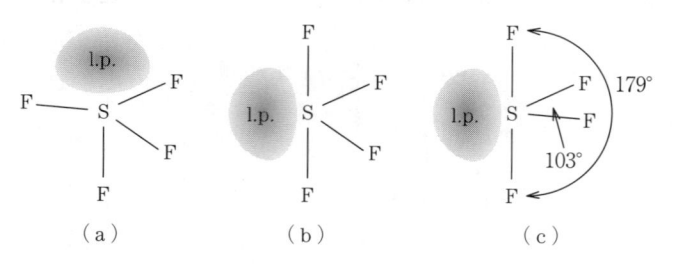

**図6.13** $SF_4$の構造

有電子対である。したがってこの場合も電子対の基本配置は三方両錐状である。二つの非共有電子対が空間的により余裕のあるエカトリアル位置に入るため，アキシアル位置にあるフッ素原子はいくぶん直線配置から曲げられ，分子は平面形となり，いくぶん曲がったT字形をしていることが予想される（**図6.14**）。実際のF-Cl-Fの結合角は87.5°である。ジクロロヨウ素酸イオン$ICl_2^-$では，5個の電子対のうち2個が共有電子対，3個が非共有電子対であり，3個の非共有電子対が三方両錐状配置のエカトリアル位置をすべて占めるため，結果的に直線構造をとることになる（図6.14）。

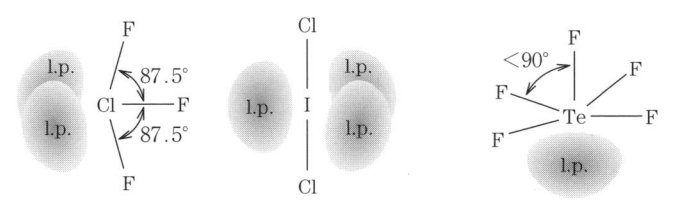

**図6.14** $ClF_3$および$ICl_2^-$の構造　　　**図6.15** $TeF_5^-$の構造

ペンタフルオロテルル酸イオン$TeF_5^-$ではテルルの原子価殻に12個の電子（自身の電子が6個，それぞれのフッ素から1個ずつ，-1の電荷分の1電子），すなわち電子対が6個存在する。5個が共有電子対，1個が非共有電子対である。したがって，基本の電子対の配置は八面体状となるが，一つが非共有電子対であるため，ピラミッド形の構造をとることになる（**図6.15**）。さらに，非共有電子対により，隣接する4個のフッ素原子はいくぶん上方へ押しやられることが予想される。したがって，テルル原子が四つのフッ素原子で形成される平面の少し下に位置するような構造をとる。テトラクロロヨウ素酸イオン$ICl_4^-$ではヨウ素の原子価殻に12個の電子，すなわち，4個の共有電子対と2個の非共有電子対があり，八面体状の配置をとる。二つの非共有電子対はたがいに隣接する（シス位，**図6.16**(a)）か，反対側（トランス位，図(b)）に位置するかのどちらかである。非共有電子対のほうが共有電子対より空間的により余裕のある位置を占めるため，二つの非共有電子対は反対側に位置することになる（規則3c）。結果として$ICl_4^-$は平面四角形構造をとる（図(c)）。

(a)　　　　　　　　(b)　　　　　　　　(c)

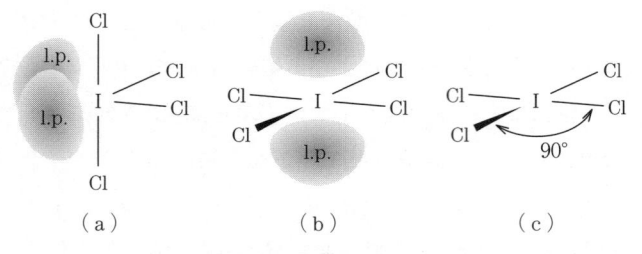

図 6.16　$ICl_4^-$ の構造

つぎに，電子対が同じ基本配置をとる場合，非共有電子対の数や A, B の電気陰性度の差が結合角にどのように影響するかを見てみよう。メタン $CH_4$，アンモニア $NH_3$，水 $H_2O$ の中心原子の原子価殻にはいずれも 4 個の電子対が存在し，四つの電子対の基本配置は四面体状である（図 6.17）。メタン分子では，4 個の電子対はいずれも共有電子対であり，したがってメタンは四面体構造をとり，H-C-H 結合角は四面体角 109.5° となる。アンモニア分子では四つの電子対のうち 1 個が非共有電子対となるため，三角錐形の構造をとるが，非共有電子対のほうが共有電子対より空間的に大きな場所を占めるため，H-N-H の結合角は四面体角より若干狭められることが予想される。実際，アンモニア分子の H-N-H の結合角は 107° である。水分子では非共有電子対が 2 個あるため，H-O-H 結合角はさらに狭められ，104.5° となる。リンのハロゲン化物 $PF_3$，$PCl_3$，$PBr_3$，$PI_3$ はいずれもリンの原子価殻に 3 個の共有電子対と 1 個の非共有電子対をもち三角錐形の構造をとる。非共有電子対をもつため X-P-X（X = F, Cl, Br, I）結合角はいずれも四面体角より狭められることが予想されるが，結合角相互の大小関係はどのように予測されるであろうか。vsepr

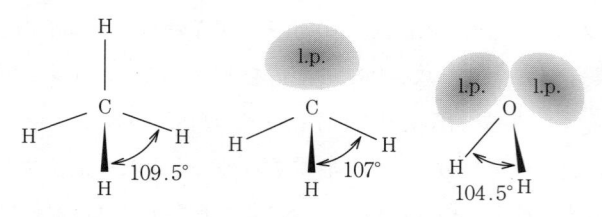

図 6.17　非共有電子対が結合角に及ぼす影響

モデルでは，X原子とP原子の電気陰性度の差に注目する（規則5）。P-F結合では，Fの電気陰性度が大きいため，この結合に使われている共有電子対がF原子のほうに強く引き付けられる。すると，リンの原子価殻上の電子密度が下がるため，非共有電子対がさらに大きく広がることができ，結果としてF-P-F結合角が狭まることになる。F→Cl→Br→Iと変化するに伴い，PとXの電気陰性度の差が小さくなるために（表3.4参照），リンの原子価殻上の電子密度が高くなり，非共有電子対が広がりにくくなる。その結果F→Cl→Br→Iとなるに従い，X-P-X結合角は大きくなることが予想される。実際，結合角は$PF_3$で97.8°，$PCl_3$で100.3°，$PBr_3$で101.5°，$PI_3$で102°となっており，vseprモデルの予想どおりの結果となっている。これを，F→Cl→Br→Iとなるに従って原子が大きくなるからと考えてはいけない。例えば，$NF_3$の結合角は102.5°，$NH_3$の結合角は107°で，小さなHの場合のほうが結合角は大きくなっている。

## 演習問題

**【1】** $BCl_3$ は平面分子で，Cl-B-Cl結合角はいずれも120°である。これを混成の考えに基づき説明せよ。

**【2】** $CO_2$ は直線分子で，二つのCO結合は共に二重結合である。これを混成の考えに基づき説明せよ。

**【3】** 混成の考えに基づき，つぎの化合物(1)～(3)の化学結合を説明せよ。
(1) $CCl_4$ 　(2) $H_2Se$ 　(3) $C_6H_6$

**【4】** アンモニア分子（$NH_3$）およびアンモニウムイオン（$NH_4^+$）中の窒素原子の混成軌道について説明せよ。

**【5】** vseprモデルを用いて (1) $[PCl_4]^+$，(2) $XeF_4$ および，(3) $SO_2$ の構造を推定せよ。

**【6】** vseprモデルに基づいて $NH_3$, $PH_3$, $AsH_3$, $SbH_3$ を結合角の大きい順に並べよ。
　ヒント　X-H（X = N, P, As, Sb）結合の共有電子対が，XとHのどちらの原子により引かれるかを考える。

# 7章 物質の状態 — 気体状態 —

2章から6章において,化学の原子論的基礎と原子が化学結合を通して物質を形づくる過程,およびその結果できる物質の構造を見てきた。

われわれは,原子や分子の1個1個を直接目で見たり手でさわったりすることはできない。現実にわれわれの感覚でとらえられる巨視的な物質は,すべてアボガドロ数程度,すなわち「モル」の単位で測られる原子,分子またはイオンからつくられた集合体である。この章では,これら原子や分子が集まってできた巨視的な系について見ることにする。物質の三態についての解説後,特に気体について紙面を割いて解説する。気体は,構成粒子間の相互作用(引力)をほとんど無視できる点で,液体や固体と際立った違いがある。気体の性質の研究は化学における原子および分子論的概念の形成に役立ってきた。固体については,4章の化学結合のところでふれた。液体状態については,本書では扱わない。

## 7.1 物質の状態

いま対象としている物質(空間)のことを**系**(system)という。物質のどの部分をとっても性質が同じであるとき,これを**均一**(homogeneous)**系**といい,そうでないものを**不均一**(heterogeneous)**系**という。均一な部分を**相**(phase)という。不均一系もいくつかの均一な部分から成り立っている。相は気体か,液体か,固体であるかによってそれぞれ**気相**(gas phase),**液相**(liquid phase),**固相**(solid phase)と呼ばれる。

## 7.1 物質の状態

水（液体）は冷やせば氷（固体）になり，熱すれば水蒸気（気体）になる。室温で固体の銅も，1 085℃で液体となり，2 562℃で気体となる。また，ふつう気体と考えられる酸素も冷却していくと液体になり，固体にもなる。多くの物質は気体，液体，固体の三つの状態で存在でき，これを**物質の三態**（three states of matter）という。この三つの状態（相）は，圧力や温度などの条件を変えると相互に変換する。**図7.1**に示したように，気体から液体になることを**凝縮**（condensation），その逆の過程を**蒸発**（evaporation, vaporization）という。また，液体が固体になることを**凝固**（solidification），その逆過程を**融解**（fusion, melting）という。さらに，気体が直接固体になることを**昇華**（sublimation），その逆過程も同様に昇華と呼ぶ。

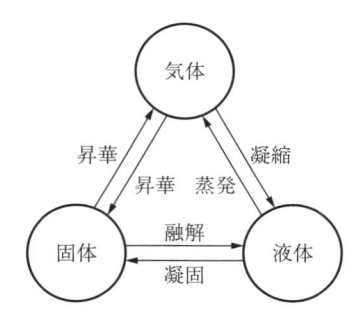

**図7.1** 状態の相互変換

気体（気相）では構成する粒子がそれぞれの運動エネルギーをもって自由に飛び回っており，各粒子間に相互作用がほとんどない。液体（液相）と固体（固相）では各粒子間の相互作用（凝集力）が強く，**凝縮相**とも呼ばれる。液体と固体の違いは，かたまりとして流動するかしないかである。すなわち，粒子間の相互作用には大きな違いはないが，固体では長距離の規則性があり，液体ではないことがその特徴を決めている。

2相以上の相が共存して系が平衡状態にあるとき，この系を完全に記述するためには，温度，圧力，組成などの変数のいくつかの値を定めなければならない。平衡にある状態を決定するために必要な変数の最小数（あるいは，系に含まれる相に変化を与えることなく任意に値を選ぶことのできる変数の数）を系

の**自由度**という。1876年，ギブズ（Gibbs）は，熱力学に基づいて理論的に，系の自由度$f$がつぎの式で与えられることを示した（**ギブズの相律**）。

$$f = \alpha - \beta + 2 \tag{7.1}$$

ここで，$\alpha$は独立した成分の数，$\beta$は相の数である。

系を記述するために必要な変数を座標軸にとり，相間の平衡関係を図示したものを**状態図**（phase diagram）（あるいは**相平衡図**，**相図**）という。1成分系（$\alpha=1$）では，$f=3-\beta$で，最大の自由度は2であるから，二つの変数，例えば圧力と温度，を座標軸にとることにより，状態図として系を完全に記述することができる。2成分系以上では，最大の自由度が3以上となり，平面的な状態図の作成は困難であるが，多くの場合一つ以上の変数（例えば圧力）を一定として状態図を示すことができる。

1成分系の例として図7.2に，横軸に温度$T$，縦軸に圧力$p$をとり，水の状態図を示した。単一の相（すなわち$\beta=1$）からなる領域AOB（気相G），AOC（液相L）およびBOC（固相S）内では自由度2で，温度と圧力を自由に選ぶことができる。すなわち，この領域内の系の状態を記述するためには，温度と圧力の2変数を決定する必要がある。**蒸気圧曲線**OA，**昇華曲線**OB，**融解曲線**OC上では，それぞれ液相と気相，気相と固相，固相と液相が共存してい

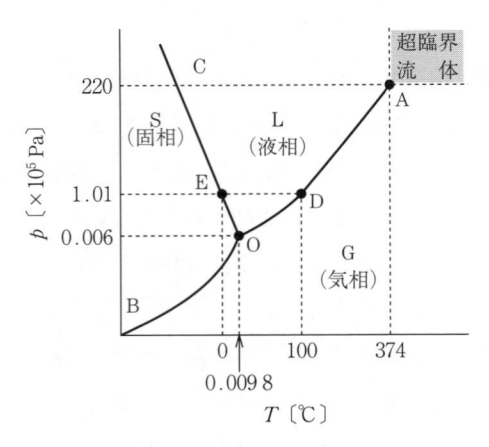

**図7.2 水の状態図**

る。多くの物質では融解の過程で体積が増加するため，融解曲線は正の傾きをもつが，水の場合は体積が減少するため，図 7.2 に見られるように融解曲線は負の傾きをもち，圧力増加で融点が下がる珍しい例である。これらの曲線の上では $\beta=2$ で，自由度は 1 となり，温度を選べば圧力が決まり，圧力を選べば温度が決まる。図 7.2 における圧力 $1.01\times10^5$ Pa （$=1$ atm）の破線と曲線 OA および曲線 OC との交点 D, E における温度は，それぞれ $1.01\times10^5$ Pa における水の沸点 (100℃) と融点 (0℃) を示している。曲線 OA は点 A で行き止まりとなる。この点を**臨界点** (critical point) といい，そのときの温度を**臨界温度** (critical temperature)，圧力を**臨界圧力** (critical pressure) という。水の場合，それぞれ 374.1℃，$2.211\times10^7$ Pa （$=218.3$ atm）である。臨界温度以上では気相-液相の平衡はなく，気相は臨界温度以上では**液化** (liquefaction, 圧縮することにより気体が液体になる現象) することはできない。臨界点を超えた温度，圧力にある状態を**超臨界状態**という。点 O においては，固相，液相，気相の 3 相が共存しており，これを**三重点** (triple point) という。三重点においては $\beta=3$ で自由度 0 となり，温度も圧力も決まってしまい，任意に選べる変数はない。これを**不変系**という。水の場合，三重点での温度は 0.009 8 ℃，圧力は 611.73 Pa である。

## 7.2 理 想 気 体

1662 年，ボイル (Boyle) は，実験的に "一定温度の下では一定量の気体の体積 $V$ は圧力 $p$ に反比例する" という関係を見出した (**ボイルの法則**)。

$$pV = 定数 \quad (温度一定) \tag{7.2}$$

1787 年，シャルル (Charles) は，酸素，窒素などの膨張に関する実験を行い，"一定圧力下では気体の体積 $V$ と温度 $t$ 〔℃〕は直線関係にある" ことを見出した (**シャルルの法則**)。

$$V = V_0(1+\alpha t) \quad (V_0 : 0℃における体積, \alpha : 定数) \tag{7.3}$$

1802 年，ゲイ・リュサック (Gay-Lussac) は，さらに詳細な実験を行い，

"温度が1℃上昇するごとにすべての気体は0℃のときの体積の1/273だけ膨張する"ことを見出した。

$$V = V_0(1 + t/273)$$

絶対温度 $T$〔K〕（$T$〔K〕= $t$〔℃〕+ 273.15）を用いると，シャルルの法則はつぎのようになる。

$$V = 定数 \times T〔K〕 \quad （圧力一定） \tag{7.4}$$

ボイルの法則とシャルルの法則を組み合わせると，気体の体積，圧力および温度の関係を表す式を導くことができる。これを**ボイル・シャルルの法則**という。

$$pV = 定数 \times T〔K〕 \tag{7.5}$$

ボイル・シャルルの法則に厳密に従う仮想的な気体を**理想気体**（ideal gas）（または**完全気体**（perfect gas））と呼ぶ。理想気体の満たす条件は，（ⅰ）気体を構成する分子の体積が0，（ⅱ）気体分子間の引力や斥力が0，というものである。

ボイル・シャルルの法則と**アボガドロの法則**"同温同圧の条件で同体積の気体は，気体の種類に関係なく同数の分子を有する"

$$V = 定数 \times n \quad （圧力，温度一定）$$

を組み合わせると，理想気体の**状態方程式**（equation of state）が導かれる。

$$pV = nRT \tag{7.6}$$

$n$ は物質量（モル）である。$R$ は**気体定数**と呼ばれ 8.31 Pa・m$^3$/(K・mol) の値をもつ。1モル当りの体積 $V_m$（モル体積，$V_m = V/n$，標準状態で約 22.4 dm$^3$）を用いると，理想気体の状態方程式は

$$pV_m = RT \tag{7.7}$$

と表される。

## 7.3　理想気体の分子運動論

ボイル・シャルルの法則は経験的に導かれたものであるが，気体の分子論的

## 7.3 理想気体の分子運動論

基礎ができてくると，以下の仮定に基づいた**気体分子運動論**（kinetic theory of gas）が生まれてきた。

（ⅰ）気体は，多数の小さな粒子（分子）から成り立っており，これらの分子は，分子間の距離や容器の体積に比べて小さい。

（ⅱ）分子は絶えず無秩序な運動をしている。

（ⅲ）分子相互の衝突，分子と器壁との衝突は，完全弾性衝突である。

気体分子運動論によって理想気体の状態方程式が導かれるだけでなく，気体分子の平均二乗速さや速さの分布などが求められる。気体分子運動論により，確率や統計といった概念が初めて科学的思考の中に取り入れられた。以下では，気体分子個々の運動と理想気体の状態方程式がどのように関連しているかを見ていこう。

一辺 $L$ の立方体の容器（体積 $V = L^3$）に $n$ モル（$N$ 個）の気体分子を閉じ込める（**図 7.3**）。各分子（質点）は同じ質量 $m$ をもつ。$i$ 番目の分子の速度を $v_i$，その $x, y, z$ 方向の成分をそれぞれ $v_{ix}, v_{iy}, v_{iz}$ とし，分子間の相互作用はないものとする。

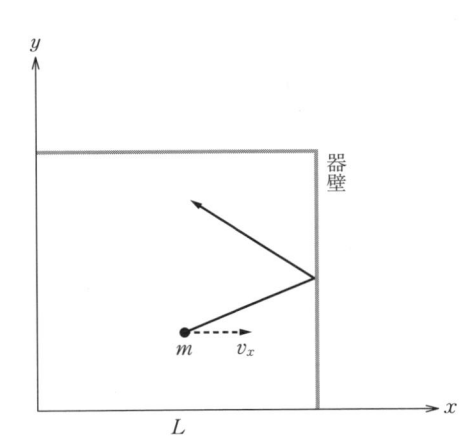

**図 7.3** 壁に衝突する分子

1 個の分子が $x$ 方向の壁に衝突（弾性衝突）してはね返るときの運動量変化 $\Delta P$ は，$\Delta P = mv_{ix} - (-mv_{ix}) = 2mv_{ix}$ で与えられ，分子が再び壁に衝突するまでにかかる時間 $t$ は，$t = 2L/v_{ix}$ で与えられる。したがって，そのとき壁が受

ける力 $f_x$ は

$$f_x = \frac{\Delta P}{t} = 2mv_{ix}\frac{v_{ix}}{2L} = \frac{mv_{ix}^2}{L} \tag{7.8}$$

となる。$N$ 個の分子の場合，壁が受ける力 $F_x$ は

$$F_x = \frac{m}{L}\sum v_{ix}^2 \tag{7.9}$$

である。ここで，$v_{ix}^2$ のすべての分子についての平均値を $\langle v_x^2 \rangle$ とすると $N\langle v_x^2 \rangle = \sum v_{ix}^2$ であるから

$$F_x = \frac{m}{L} N \langle v_x^2 \rangle \tag{7.10}$$

となる。さて，気体は $x, y, z$ 方向に等価なので，$\langle v_x^2 \rangle = \langle v_y^2 \rangle = \langle v_z^2 \rangle$ であり，また速さの二乗平均 $\langle v^2 \rangle$ と $\langle v^2 \rangle = \langle v_x^2 \rangle + \langle v_y^2 \rangle + \langle v_z^2 \rangle$ の関係にあるから

$$\langle v_x^2 \rangle = \frac{1}{3}\langle v^2 \rangle \tag{7.11}$$

である。したがって

$$F_x = \frac{m}{3L} N \langle v^2 \rangle \tag{7.12}$$

となる。圧力 $p$（壁の単位面積当りにかかる力）は

$$p = \frac{1}{L^2}\frac{m}{3L} N \langle v^2 \rangle = \frac{m}{3V} N \langle v^2 \rangle = \frac{2nN_A}{3V}\left(\frac{m\langle v^2 \rangle}{2}\right) \tag{7.13}$$

すなわち

$$pV = \frac{2nN_A}{3}\left(\frac{m\langle v^2 \rangle}{2}\right) = \frac{nN_A}{3} m \langle v^2 \rangle \tag{7.14}$$

が得られる。これと理想気体の状態方程式を比較すると

$$RT = \frac{N_A}{3} m \langle v^2 \rangle \tag{7.15}$$

または

$$\frac{1}{2} m \langle v^2 \rangle = \frac{3RT}{2N_A} = \frac{3}{2} k_B T \tag{7.16}$$

が得られる（$k_B = R/N_A$）。すなわち，1分子当りの平均の運動エネルギーは $(3/2)k_B T$ で与えられる。1次元での運動エネルギーは，$(1/2)k_B T$ である。式

(7.15),(7.16) によりミクロの分子の運動（速さの二乗平均）と，気体のマクロの性質（温度）がボルツマン定数 $k_B$ により関係づけられる．なお，系の全エネルギー $E$ は

$$E = \frac{3RT}{2N_A} \times N = \frac{3}{2}nRT \tag{7.17}$$

であり

$$pV = \frac{2}{3}E \tag{7.18}$$

が得られる（**ベルヌーイの式**）．

## 7.4 マクスウェル分布

　前節では，気体のマクロの性質が気体分子の速さとどのように関係するかを見てきたが，ここでは，気体分子の速度あるいは速さの分布がどうなっているかを見ていこう．

　体積 $V$ の容器に質量 $m$ の分子が $N$ 個入っているとする．その中から一つの分子を取り出したとき，その分子の $x$ 方向の速度が $v_x$ と $v_x + dv_x$ の範囲にある確率 $P$ は，範囲の幅に比例し速度成分 $v_x$ に依存する．

$$P = f(v_x)dv_x \tag{7.19}$$

$f(v_x)$ は $v_x$ の関数であり，どの速度である可能性が高いか，低いかを表す．また，$P$ は確率なので，$\int_{-\infty}^{\infty} f(v_x)dv_x = 1$ である．

　$x, y, z$ 方向を考えると，ある分子の速度が $(v_x, v_y, v_z) \sim (v_x + dv_x, v_y + dv_y, v_z + dv_z)$ の範囲にある確率 $P$ は $P = f(v_x, v_y, v_z)dv_x dv_y dv_z$ と書くことができる．ここで分子が $x$ 方向にある速度をもつ確率は $y, z$ 方向に，ある速度をもつ確率には無関係であるから，$f(v_x, v_y, v_z) = f(v_x)f(v_y)f(v_z)$ である．すなわち，ある分子の速度が $(v_x, v_y, v_z) \sim (v_x + dv_x, v_y + dv_y, v_z + dv_z)$ の範囲にある確率 $P$ は

$$P = f(v_x, v_y, v_z)dv_x dv_y dv_z = f(v_x)f(v_y)f(v_z)dv_x dv_y dv_z \tag{7.20}$$

で与えられる。さらに，ある分子が $+|v_x|$ と $+|v_x|+dv_x$ の範囲の速度をもつ確率と $-|v_x|$ と $-|v_x|-dv_x$ の範囲の速度をもつ確率は等しいと考えられるから，$f(v_x)$ は $v_x^2$ に依存する関数である。すなわち，$f(v_x) = f(v_x^2)$。したがって

$$f(v_x, v_y, v_z) = f(v_x^2) f(v_y^2) f(v_z^2) \tag{7.21}$$

ところで，速度分布は，$x, y, z$ 軸の3方向の成分だけが特別なのではなく，他のあらゆる方向の速度に対しても同じ意味をもつ。したがって，速度分布の関数は方向に関係のない「速さ」$v$ （$v^2 = v_x^2 + v_y^2 + v_z^2$）だけに依存し，個々の成分には依存しない。すなわち

$$f(v_x, v_y, v_z) = f(v^2) = f(v_x^2 + v_y^2 + v_z^2) \tag{7.22}$$

である。これより

$$f(v_x^2 + v_y^2 + v_z^2) = f(v_x^2) f(v_y^2) f(v_z^2) \tag{7.23}$$

と書くことができる。このような関係を満たすことのできる関数は指数関数である。すなわち

$$f(v_x) = A \exp(-bv_x^2) \quad (A, b \text{ は定数}) \tag{7.24}$$

と書くことができる。二つの定数のうち，$A$ は，$\int_{-\infty}^{\infty} f(v_x) dv_x = 1$ より決定することができ，$A = \sqrt{b/\pi}$ となる（付録C参照）。したがって

$$f(v_x, v_y, v_z) = \sqrt{\frac{b^3}{\pi^3}} \exp\{-b(v_x^2 + v_y^2 + v_z^2)\} \tag{7.25}$$

が得られる。この式は，あらゆる方向について速度0の確率が最も高いこと，すなわち，ある特定の方向についてみると，"静止"している確率が最も高く，そこから速度が離れるほど確率が低くなることを示している。

つぎに，速さの分布を考える。速さが $0 \sim dv$ の間にある状態とは体積が $dV = (4\pi/3)(dv)^3$ に含まれる状態と考えることができる。同様に，速さが $v \sim v+dv$ の範囲では $dV = (4\pi/3)(v+dv)^3 - (4\pi/3)(v)^3 = 4\pi v^2 dv$ となり，これは $v$ が大きいほど $v+dv$ の範囲の割合が多くなることを示している。さて，速さが $v \sim v+dv$ の範囲にある分子数は，$P(v) = A'v^2 \exp(-bv^2) dv$ （$A'$ は定数）に比例するが，$\int_0^{\infty} P(v) dv = 1$ なので，$A' = 4\pi\sqrt{b^3/\pi^3}$ となる（付録C参照）。し

たがって

$$P(v) = 4\pi \sqrt{\frac{b^3}{\pi^3}} v^2 \exp(-bv^2) \, dv \tag{7.26}$$

と表すことができる．その結果，速さが $v \sim v+dv$ の範囲にある分子数は $N \times 4\pi \sqrt{b^3/\pi^3}\, v^2 \exp(-bv^2)\, dv$ と与えられる．系の全エネルギーは

$$E = \int_0^\infty \left\{ \frac{1}{2}mv^2 \times 4\pi N \sqrt{\frac{b^3}{\pi^3}} v^2 \exp(-bv^2) \right\} dv$$

$$= 2\pi m N \sqrt{\frac{b^3}{\pi^3}} \int_0^\infty v^4 \exp(-bv^2) dv = \frac{3mN}{4b} \tag{7.27}$$

となる（付録 C 参照）．1 分子当りの平均エネルギーは $3m/(4b) = 3k_\mathrm{B}T/2$（式 (7.16) 参照）となり，これより $b$ が求まる．

$$b = \frac{m}{2k_\mathrm{B}T} \tag{7.28}$$

この関係を用いると速さの分布（速さが $v \sim v+dv$ の範囲にある確率）は

$$f(v)\,dv = 4\pi \left(\frac{m}{2\pi k_\mathrm{B}T}\right)^{3/2} v^2 \exp\left(-\frac{mv^2}{2k_\mathrm{B}T}\right) dv \tag{7.29}$$

で与えられることになる．これを速さに関する**マクスウェル分布**（Maxwell distribution），あるいは**マクスウェル・ボルツマン分布**（Maxwell-Boltzmann distribution）という．なお，速度に関するマクスウェル分布は

$$f(v_x, v_y, v_z)\,dv_x dv_y dv_z = \left(\frac{m}{2\pi k_\mathrm{B}T}\right)^{3/2} \exp\left\{-\frac{m}{2k_\mathrm{B}T}\left(v_x^2 + v_y^2 + v_z^2\right)\right\} dv_x dv_y dv_z \tag{7.30}$$

で与えられる．

　速さに関するマクスウェル分布を水素分子について計算すると**図 7.4** のようになる．温度が高いほど分布のピークは右（速さの大きくなる方向）に移動し，分布は広く平べったくなるのがわかる．

　マクスウェル分布より，さまざまな速さを求めることができる．まず，$f(v)$ が極大となるところの速さ，すなわち最も存在確率の高い速さ $v_\mathrm{max}$ は，$df(v)/dv = 0$ より

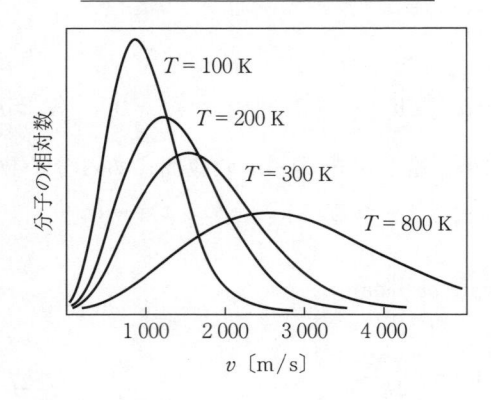

図7.4 速さのマクスウェル分布 ($H_2$)

$$v_{\max} = \sqrt{\frac{2k_B T}{m}} \tag{7.31}$$

で与えられる。また，平均の速さ $\langle v \rangle$ は

$$\langle v \rangle = 4\pi\left(\frac{m}{2\pi k_B T}\right)^{3/2} \int_0^\infty v \times v^2 \exp\left(-\frac{mv^2}{2k_B T}\right)dv = \sqrt{\frac{8k_B T}{\pi m}} \tag{7.32}$$

で与えられる（付録C参照）。さらに，$v^2$ の平均値 $\langle v^2 \rangle$ は

$$\langle v^2 \rangle = 4\pi\left(\frac{m}{2\pi k_B T}\right)^{3/2} \int_0^\infty v^2 \times v^2 \exp\left(-\frac{mv^2}{2k_B T}\right)dv = \frac{3k_B T}{m} \tag{7.33}$$

であるから（付録C参照），根平均二乗速さ $\langle v^2 \rangle^{1/2}$ は

$$\langle v^2 \rangle^{1/2} = \sqrt{\frac{3k_B T}{m}} \tag{7.34}$$

となり，3種の速さの比は以下のとおりとなる。

$$\langle v^2 \rangle^{1/2} : \langle v \rangle : v_{\max} = \sqrt{3} : \sqrt{\frac{8}{\pi}} : \sqrt{2} \cong 1.225 : 1.128 : 1$$

## 7.5 実在気体 ── ファン・デル・ワールスの状態方程式 ──

ボイル・シャルルの法則（理想気体の状態方程式）が厳密に成立するためには，気体分子自身の大きさが無限小であることと，分子間に引力や斥力の相互作用がまったくないことの二つの条件が満たされなければならない。これは理

## 7.5 実在気体 — ファン・デル・ワールスの状態方程式 —

想化した気体の状態であり，つぎのようなとき，これらの条件は近似的に成り立つ。すなわち，(1) 圧力が低く，したがって系の体積が十分大きい。(2) 温度が高い，すなわち，粒子間に何らかの相互作用があっても，それが熱運動に比べて無視できる。多くの気体は常温，常圧では近似的に理想的に振る舞うが，温度が低くなるほど，また圧力が高くなるほどボイル・シャルルの法則からのずれが大きくなる。図 7.5 に，いくつかの気体について，圧力に対して $pV/(nRT)$（$=Z$，**圧縮因子**（compressibility factor）と呼ばれる）をプロットした。理想性からのずれがまったくなければ $Z$ の値は $p$ に無関係に一定値のはずである。図を見ると，実在の気体ではほぼ 10 気圧（$1.0 \times 10^6$ Pa）程度までは理想性を示すが，それ以上の圧力では，さまざまなずれが現れてくる。

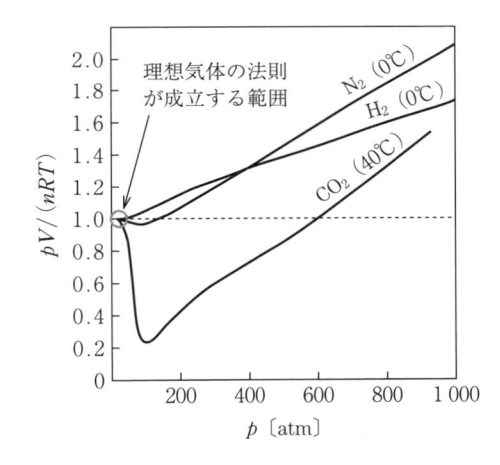

**図 7.5** ボイル・シャルルの法則とそこからのずれ

実在の系では，何らかの原因で理想性からずれるために，理想系での法則はそのままの形では成り立たない。実在の系に適用できる法則を求める方法として，(1) 適当な補正係数を導入することにより，理想系についての単純な法則をそのままの形で実在の系に拡張する方法，(2) 理想性からのずれの原因を想定し，方程式そのものを修正する方法，がある。

実在気体に対する**ファン・デル・ワールスの状態方程式**（van der Waals equation）は後者の考えに基づいて導き出された方程式であり，気体分子自身が占める体積の影響と分子間に働く相互作用の影響を考慮に入れている。

まず，気体分子自身の大きさの影響であるが，実在の気体はある大きさをもっているから，自由な空間は気体の体積 $V$ から気体分子が占める体積（排除体積と呼ばれる）分を差し引いたものになる。これは気体の物質量に比例するから，実在気体の状態方程式は理想気体の状態方程式の $V$ を，$b$ を定数として $V-bn$ で置き換えればよいことになる。つぎに分子間の相互作用であるが，気体を詰めた容器壁の近傍では，器壁表面層の分子は気体が存在する内側からのみ引力を受ける。そのため気体が器壁に衝突するときの圧力は減少することになる。その減少の割合は，表面層に存在する分子の密度と同時に，これに引力を及ぼす分子の密度に関係すると考えられる。すなわち，両者の積に比例すると考えられる。両者とも $n/V$ に比例するので，結局，比例定数を $a$ とすると圧力（相互作用）の補正項は $a(n^2/V^2)$ と表すことができる。分子間相互作用の分だけ圧力は低くなると考えられるので，その分の補正項を加えておけばよいことになる。すなわち，理想気体の状態方程式の $p$ を $p+a(n^2/V^2)$ で置き換えればよい。なお，壁と気体の間に働く引力は測定される圧力に何の影響も及ぼさない。それは壁に衝突する気体分子は壁に近づくときに壁からの引力により加速されるが，壁から遠ざかるときには壁に引き戻され減速される。そのため衝突分子の運動量変化には何ら影響しないためである。壁と気体分子間で斥力が働く場合も，運動量変化に変化は起こらない。

以上の補正を加えて，実在気体に対して得られる状態方程式が，ファン・デル・ワールスの状態方程式（**ファン・デル・ワールス方程式**）である。

$$\left(p + \frac{an^2}{V^2}\right)(V - bn) = nRT \tag{7.35}$$

モル体積を用いれば

$$\left(p + \frac{a}{V_m^2}\right)(V_m - b) = RT \tag{7.36}$$

と表すことができる。代表的な気体について，式中の定数 $a, b$（**ファン・デル・ワールス定数**）の値を**表7.1**に示した。ファン・デル・ワールスの状態方程式は，温度，圧力の相当広い範囲にわたってかなりよく成り立つことが知ら

## 7.5 実在気体 ― ファン・デル・ワールスの状態方程式 ―

表 7.1 ファン・デル・ワールス定数と臨界温度, 臨界圧力

| 気体 | $a$ [Pa·m$^6$/mol$^2$] | $10^6 b$ [m$^3$/mol] | $T_c$ [K] | $p_c$ [MPa] |
|---|---|---|---|---|
| He | 0.003 468 9 | 23.766 | 5.201 4 | 5.227 46 |
| Ar | 0.136 1 | 32.19 | 150.7 | 4.865 |
| H$_2$ | 0.024 1 | 26.22 | 33.2 | 1.316 |
| N$_2$ | 0.137 | 38.6 | 126.2 | 3.4 |
| O$_2$ | 0.138 2 | 31.86 | 154.58 | 5.043 |
| CO | 0.147 6 | 39.57 | 132.91 | 3.491 |
| CO$_2$ | 0.365 59 | 42.827 | 304.21 | 7.382 5 |
| NH$_3$ | 0.425 3 | 37.37 | 405.6 | 11.28 |
| H$_2$O | 0.552 4 | 30.41 | 647.3 | 22.12 |
| CH$_4$ | 0.230 5 | 43.10 | 190.555 | 4.595 |

れている。また、この状態方程式のさらなる有用性は、それが実在気体の液化や臨界現象を説明できることである。理想気体は、あらゆる温度で、圧縮しても液化しないが、実在気体は、ある温度以下で圧縮すると液化する。

実在気体が液化するとき、一定温度における体積に対して圧力をプロットした図、$p$-$V$（等温）曲線、には傾きが 0 となる区間が存在する。図 7.6 において、点 A から気体に対して圧力を加えると点 B に移る（A → B 間は気体として存在）。点 B では液化が始まり、液化が進行すると体積が減少し点 C に到達する。この B → C 間では気体と液体が共存し、圧力は一定に保たれる。点 C は物質がすべて液体に変化した状態である。点 C からさらに左に進むと圧力は急激に上昇する。液体を圧縮するために必要な圧力は、気体の圧縮のときよ

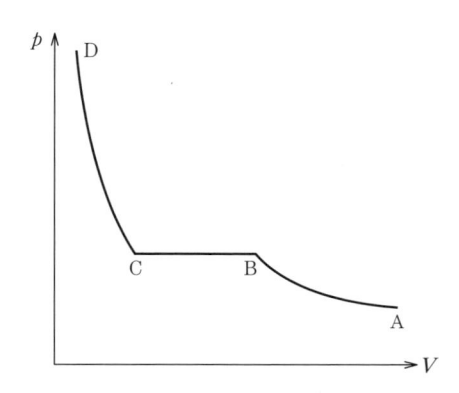

図 7.6 実在気体の等温線

りずっと大きいためである。

　実在気体を圧縮するとき，気体と液体が共存する区間は，低温ほど広い。しかし，ある温度以上ではどんなに圧力を大きくしても液化が起こらないという境目の温度が存在する。この境目の温度が臨界温度 $T_c$ であり，臨界温度における気体の等温曲線のグラフは変曲点（point of inflection）をもつ（**図 7.7** 参照）。この変曲点が臨界点であり，臨界点における圧力，体積がそれぞれ臨界圧力 $p_c$，**臨界体積**（critical volume）$V_c$ である。代表的な気体の臨界温度と臨界圧力を表 7.1 に示した。

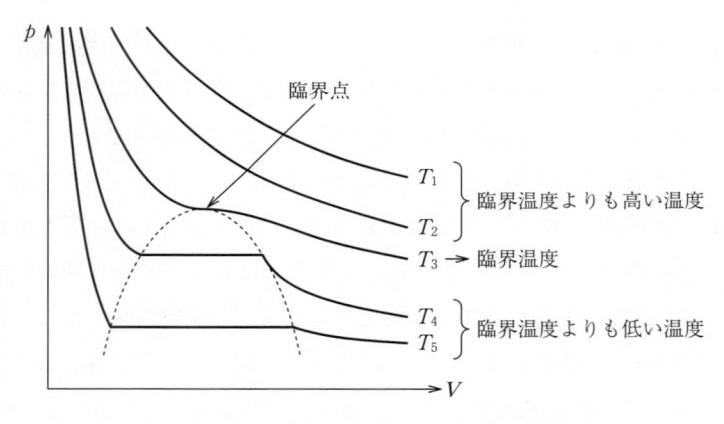

**図 7.7**　さまざまな温度における等温曲線

　臨界点以下の温度においてファン・デル・ワールス方程式を描くと**図 7.8** の波線のようになり，実在気体の等温線（図の実線，気体と液体が共存する部分のみ描いてある）と比較すると，実在気体の液体と気体が共存する区間において形が異なっている。しかし，ファン・デル・ワールス方程式のグラフに線の上下の面積が等しくなるように $p = $ 一定の線を引くと，近似的に実在気体における液体と気体の共存状態を表現すことができる（**マクスウェル（等面積）の規則**）。すなわち，理想気体の状態方程式に補正項を導入したファン・デル・ワールス方程式は，マクスウェルの規則を用いることで，液化現象を近似的に表現できる。**図 7.9** に二酸化炭素の例を示す。313 K の高温におけるグラフ

## 7.5 実在気体 — ファン・デル・ワールスの状態方程式 —

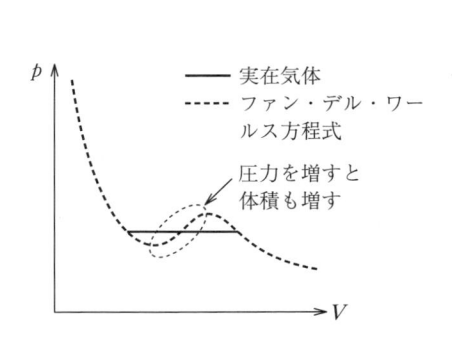

**図 7.8** ファン・デル・ワールス方程式と実在気体のグラフの比較

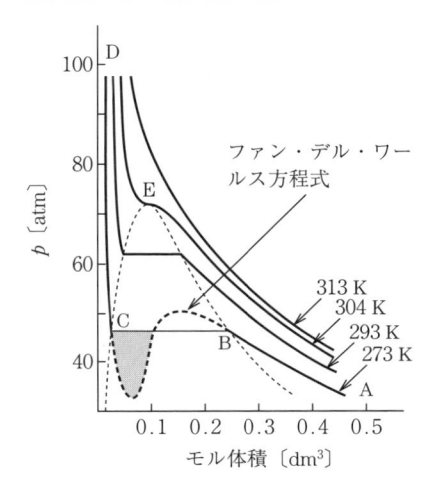

**図 7.9** 二酸化炭素の等温線

は，ほぼ理想気体の状態方程式に等しい．273 K の低温において $CO_2$ は A では気体であり，B–C 間は気体と液体が共存している状態である．その間，圧力は一定であり，その温度における飽和蒸気圧である．温度を上げると水平の部分は少なくなり，304 K では単なる変曲点（臨界点）となる．臨界温度，臨界圧力を超えた温度と圧力，すなわち，超臨界状態のガスは気体とも液体ともつかない性質を示す．気体の高い拡散性と液体の高い溶解性を併せもち，**超臨界流体**（supercritical fluid）と呼ばれる．

臨界点を基準とすると，ファン・デル・ワールス方程式に従うすべての気体はそれぞれの気体に特有な定数 $a, b$ を含まない一つの状態方程式で表すことができる（**相応状態の法則**）．ここで，ファン・デル・ワールス方程式を $p = RT/(V_m - b) - a/V_m^2$ と表すと，臨界点は変曲点であるから

$$\left(\frac{\partial p}{\partial V_m}\right)_T = 0, \quad \left(\frac{\partial^2 p}{\partial V_m^2}\right)_T = 0$$

すなわち

$$\frac{-RT}{(V_{mc} - b)^2} + \frac{2a}{V_{mc}^3} = 0, \quad \frac{2RT}{(V_{mc} - b)^3} - \frac{6a}{V_{mc}^4} = 0$$

が成り立つ。これより

$$a = \frac{9V_{mc}RT_c}{8}, \qquad b = \frac{V_{mc}}{3},$$

$$T_c = \frac{8a}{27Rb}, \qquad p_c = \frac{a}{27b^2}, \qquad V_{mc} = 3b \tag{7.37}$$

が得られる。ここで

$$T_r = \frac{T}{T_c}, \qquad p_r = \frac{p}{p_c}, \qquad V_{mr} = \frac{V_m}{V_{mc}} \tag{7.38}$$

で定義される換算温度 $T_r$, 換算圧力 $p_r$, 換算体積 $V_r$ を用いると

$$T = T_c T_r = \frac{8aT_r}{27Rb}, \qquad p = p_c p_r = \frac{ap_r}{27b^2}, \qquad V_m = V_{mc}V_{mr} = 3bV_{mr} \tag{7.39}$$

より

$$\left(p_r + \frac{3}{V_{mr}^2}\right)(3V_{mr} - 1) = 8T_r \tag{7.40}$$

が得られる。この式は**換算状態方程式**と呼ばれ，$a, b$ が含まれておらず，ファン・デル・ワールス方程式が成り立つすべての気体に適用することができる。圧縮因子 $Z$ を圧力に対してプロットすると，気体の種類により異なるグラフとなるが，$Z$ を換算圧力に対してプロットするとすべての気体が同一のグラフとなる。これを模式的に表し，**図 7.10** に示す。

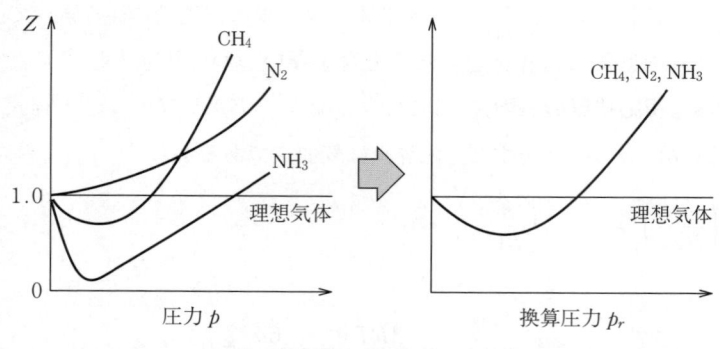

**図 7.10** 圧力と換算圧力に対する圧縮因子の変化

## 演 習 問 題

【1】 図7.11の二酸化炭素の状態図を参考にして，以下の問に答えよ。
  (1)  BO曲線上における自由度はいくらか。
  (2)  三重点における温度〔℃〕と圧力〔Pa〕はいくらか。
  (3)  1 atmにおいて，液体の二酸化炭素を得ることは可能か。
  (4)  凝固温度は圧力上昇とともに上昇するか，下降するか。
  (5)  超臨界流体の特性を述べよ。

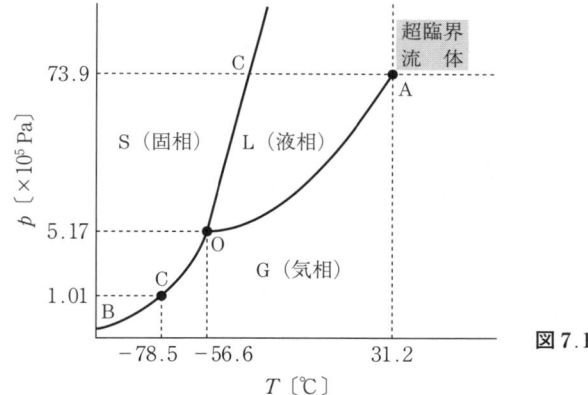

図7.11 二酸化炭素の状態図

【2】 27℃において，水素 0.0100 atm，0.100 L 中に含まれる水素分子（分子量：2.016）の数はいくらか。水素が理想気体であるとして計算せよ。

【3】 速さに関するマクスウェル分布は，式(7.29)で与えられる。
  (1)  $f(v)$ が極大となるときの速さ $v_{max}$
  (2)  平均の速さ $\langle v \rangle$
  (3)  根平均二乗速さ $\langle v^2 \rangle^{1/2}$
  を求めよ。

【4】 空気を 450 K から 300 K に冷却すると，空気を構成している分子の平均の速さは何パーセント遅くなるか。

【5】 ファン・デル・ワールスの状態方程式に従う気体の，臨界点における圧縮因子 $Z_c \, (= p_c V_c/(nRT_c))$ の値を計算せよ。
  ヒント　$p_c, V_c, T_c$ をそれぞれファン・デル・ワールス定数 $a, b$ で表し（式(7.37)），$Z_c$ に代入する。

# 付録 A　量子力学に関わる諸法則

　原子の構造や原子間の結合などは，量子力学（quantum mechanics）に基づいて数学的に表現される．化学では，量子力学の基礎方程式として一般にシュレディンガー（Schrödinger）の**波動方程式**（wave equation）（**シュレディンガー方程式**（Schrödinger equation））が用いられる．ここでは，量子力学に深く関わるいくつかの物理法則とシュレディンガー方程式，およびその応用例を解説する．

## A.1　プランクの量子説：光の非連続性

　1900 年，プランク（Planck）は，"振動数が $\nu$ の調和振動子のもつエネルギーは $h\nu$ の整数倍に限られる（光の非連続性）" という量子仮説を提唱した．すなわち

$$E = nh\nu \tag{A.1}$$

ここで $h$ は**プランク定数**（$h = 6.6261 \times 10^{-34}$ J・s）と呼ばれる．この仮説の重要な点は，古典力学では物質のエネルギーは連続であるのに対し，プランクの考え方ではエネルギーがある特定のとびとび（discrete）の値しかとらないということである．しかも，そのとび具合は振動数が大きいほど大きい．このプランクの考え方は古典力学とはまったく異なり，エネルギーがその単位であるエネルギー量子（quantum）の整数倍であるという画期的なものである．この量子仮説は，のちに原子や分子を取り扱う理論に必須となった量子力学の基になった．

## A.2　アインシュタインの光量子説：光の粒子性

金属面に光を照射すると電子が飛び出す現象を**光電効果**（photoelectric effect）というが，実験事実はつぎのようなものであった。
(1)　電子が飛び出すのは，光の振動数 $\nu$ がある金属に固有の値 $\nu_0$ よりも大きいときだけである。
(2)　飛び出す電子の運動エネルギーの最大値は光の振動数で決まり，その強さには依存しない。
(3)　単位時間に飛び出す電子の数は光の強さに比例する。

これらの現象は，古典電磁気学の考え方では説明できない。1905年，アインシュタイン（Einstein）は，振動数 $\nu$ の光は $h\nu$ のエネルギーをもつ"粒子"として振る舞うと考え（光の粒子性），実験事実を説明することができた。すなわち，"放射（光）は，エネルギー $E=h\nu$，運動量 $p=h/\lambda$ の粒子のように振る舞う。"光を粒子として考えるとき，これを**光量子**または**光子**（photon）と呼ぶ。

## A.3　ド・ブロイ波：物質の波動性

1924年，ド・ブロイ（de Broglie）は，電子のように粒子であるとされている物質にも波としての性質，すなわち波動性があるという概念を導入し，運動量 $p$ をもつ粒子に対してその波長 $\lambda$ がつぎの式(A.2)で与えられるとした。

$$\lambda = \frac{h}{p} \tag{A.2}$$

この式を**ド・ブロイの関係式**といい，このような粒子のもつ波動は**ド・ブロイ波**あるいは**物質波**（material wave）と呼ばれる。

例えば，電位差 $V$ で加速された電子（質量 $m$）の波長は $\lambda = h/\sqrt{2meV}$ で与えられ，$V=150\,\mathrm{V}$ のときの電子のド・ブロイ波長は約 $0.1\,\mathrm{nm}$ となる。

## A.4　ハイゼンベルグの不確定性原理

1927年，ハイゼンベルグ（Heisenberg）が提唱した。量子力学の世界では，粒子を観測したとき，位置の不確かさ $\Delta x$ と運動量の不確かさ $\Delta p_x$ の積は $\hbar/2$ （$\hbar = h/(2\pi)$）より小さくすることはできないという原理を**不確定性原理**（uncertainty principle）と呼ぶ。

$$\Delta x \cdot \Delta p_x \geq \frac{\hbar}{2} \tag{A.3}$$

物質は粒子性と波動性の二重性をもっており，両者を同時に精密に測定することができないために起こる。同様の不確定性はエネルギー $E$ と時間 $t$ の間でも成立する。

$$\Delta E \cdot \Delta t \geq \frac{\hbar}{2} \tag{A.4}$$

## A.5　シュレディンガーの波動方程式（シュレディンガー方程式）

1926年，シュレディンガーが提唱した。古典力学（ニュートン力学）が目に見えるような粒子を対象としているのに対し，原子や電子のようなミクロな粒子の運動はシュレディンガーの波動方程式によって扱われる。原子や分子のもつ性質は量子力学によって表現されるが，シュレディンガー方程式はその基本方程式である。

$$\left\{-\frac{\hbar^2}{2m}\left(\frac{\partial^2}{\partial x^2} + \frac{\partial^2}{\partial y^2} + \frac{\partial^2}{\partial z^2}\right) + V\right\}\Psi = E\Psi \tag{A.5}$$

ここで，$x, y, z$ はデカルト座標，$\hbar = h/(2\pi)$，$m$ は粒子の質量，$V$ は粒子の位置（ポテンシャル）エネルギー，$E$ は粒子のもつ全エネルギー，そして $\Psi$ はシュレディンガー方程式の解であり，**波動関数**（wave function）と呼ばれる。波動関数は数学的には，(1) 一価関数，(2) 有限，(3) 連続，(4) 無限遠でゼ

## A.5　シュレディンガーの波動方程式（シュレディンガー方程式）

ロ，でなければならない．また，波動関数それ自身は物理的実態をもたず，粒子のある一つの物理的状態を記述している．波動関数の物理的意味は，それを2乗したもの（厳密には波動関数 $\Psi$ とその複素共役 $\Psi^*$ との積）がそこで粒子を見出す確率を表すことである．すなわち，波動関数を求めると，その状態での粒子の空間的存在確率分布がわかる．粒子を見出す確率は全空間でみれば1となるはずであるから

$$\int_{-\infty}^{\infty}\int_{-\infty}^{\infty}\int_{-\infty}^{\infty} \Psi^*\Psi \mathrm{d}x\mathrm{d}y\mathrm{d}z = \int_{-\infty}^{\infty}\int_{-\infty}^{\infty}\int_{-\infty}^{\infty} \Psi^*\Psi \mathrm{d}\tau = 1 \tag{A.6}$$

式(A.5)を**ラプラシアン**（Laplacian）$\nabla^2$ あるいは**ラプラス演算子**

$$\nabla^2 \equiv \frac{\partial^2}{\partial x^2} + \frac{\partial^2}{\partial y^2} + \frac{\partial^2}{\partial z^2} \tag{A.7}$$

と呼ばれる演算子を用いて表すと

$$\left(-\frac{\hbar^2}{2m}\nabla^2 + V\right)\Psi(x, y, z) = E\Psi(x, y, z) \tag{A.8}$$

となる．さらに

$$\hat{H} \equiv -\frac{\hbar^2}{2m}\nabla^2 + V \tag{A.9}$$

で定義される**ハミルトニアン**（Hamiltonian）あるいは**ハミルトン演算子**を用いると，シュレディンガー方程式は

$$\hat{H}\Psi(x, y, z) = E\Psi(x, y, z) \tag{A.10}$$

という簡単な形で表現することができる．なお，式(A.5)を極座標で表すと

$$\left[-\frac{\hbar^2}{2mr^2}\left\{\frac{\partial}{\partial r}\left(r^2\frac{\partial}{\partial r}\right) + \frac{1}{\sin\theta}\frac{\partial}{\partial \theta}\left(\sin\theta\frac{\partial}{\partial \theta}\right) + \frac{1}{\sin^2\theta}\frac{\partial^2}{\partial \phi^2}\right\} + V\right]\Psi = E\Psi \tag{A.11}$$

となる（極座標の定義に関しては，図2.2参照）．2章では，シュレディンガー方程式を水素原子に適応したが，ここでは別の適用例として，箱の中の粒子（1次元）と調和振動子（1次元）を取り上げる．これらは日常生活での粒子の運動との違いが見られ，量子の世界の描像を与えてくれるよい例であるといえる．

### A.5.1　箱の中の粒子（1次元）

一辺の長さ $a$ の箱の中に閉じ込められている粒子（箱の中の粒子）を考える。箱の外部では位置エネルギーは無限大であり，箱の中ではゼロである（井戸型ポテンシャル）（図 **A**.1）。古典力学に従えば，粒子は初めから静止していた場合を除き，壁に衝突すると方向を逆向きに変えるという運動を無限に繰り返す。量子の世界で，箱の中の粒子に対するシュレディンガー方程式は

$$-\frac{\hbar^2}{2m}\frac{\mathrm{d}^2 \varPsi}{\mathrm{d}x^2} = E\varPsi \qquad (0 < x < a) \tag{A.12}$$

となる。この方程式の解，すなわち波動関数は

$$\varPsi_n(x) = \sqrt{\frac{2}{a}}\,\sin\frac{n\pi}{a}x \qquad (n = 1, 2, 3, \cdots) \tag{A.13}$$

となり，エネルギーは

$$E_n = \frac{\pi^2 \hbar^2}{2ma^2}n^2 \tag{A.14}$$

で与えられる。整数 $n$ は**量子数**（quantum number）と呼ばれ，一つの $n$ の値に一つの波動関数およびエネルギーが対応している。図 **A**.2 に，$n=4$ の状態までの波動関数 $\varPsi$ とそれを2乗したものを図示した。$\varPsi^2$ はその位置における粒子の存在確率を表している。式(A.13),(A.14)や図 A.2 より，粒子の量子力学的振舞いの特徴としてつぎのことを挙げることができる。まず，エネルギーに関しては，(1) 離散的であり，(2) エネルギーの最も低い基底状態でもゼロとなることはなく，したがって粒子は静止することがない。これは，古典力学では，粒子はどんな運動エネルギー（位置エネルギーがゼロなので，すな

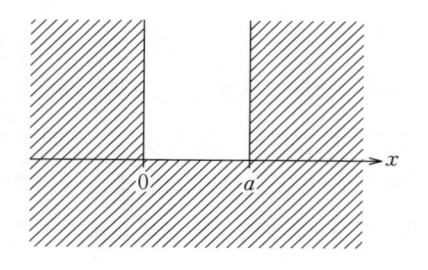

**図 A**.1　井戸型ポテンシャル

## A.5 シュレディンガーの波動方程式（シュレディンガー方程式）

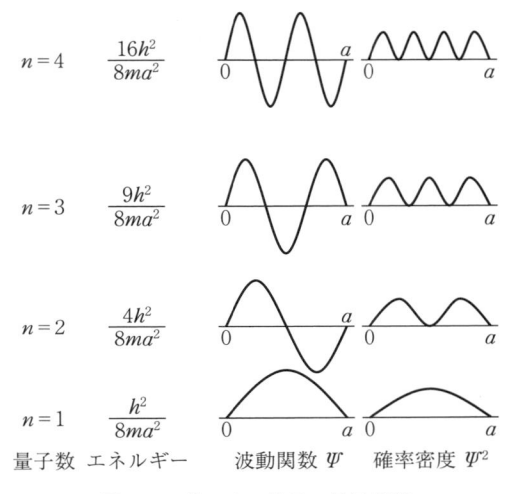

| 量子数 | エネルギー | 波動関数 $\Psi$ | 確率密度 $\Psi^2$ |
|---|---|---|---|
| $n=4$ | $\dfrac{16h^2}{8ma^2}$ | | |
| $n=3$ | $\dfrac{9h^2}{8ma^2}$ | | |
| $n=2$ | $\dfrac{4h^2}{8ma^2}$ | | |
| $n=1$ | $\dfrac{h^2}{8ma^2}$ | | |

**図 A.2** 箱の中の粒子の量子状態

わち全エネルギー）もとることができ，また，最低のエネルギーがゼロであることと大きく異なっている。また，存在確率を見ると，古典力学では，静止している場合を除き，存在する確率は箱の中ではどこでも同じであるのに対し，量子力学では，位置により確率が異なることがわかる。例えば，$n=1$ の最もエネルギーの低い状態では，粒子の存在確率は箱の中央で最も高く，端に行くに従い存在確率が下がり，両端ではゼロとなる。粒子の存在確率がゼロとなるところを**節**（node）というが，その数は $n$ の増加とともに増加する。

### A.5.2 調和振動子（1次元）

古典力学で扱う運動にばねや振り子の運動に見られる単振動がある（**図 A.3**）。ばね定数を $k$ とすると**フック**（Hooke）**の法則**よりばねが物体に及ぼす力は $-kx$ であり，そのときのポテンシャルエネルギーは $V=(1/2)kx^2$（**調和ポテンシャル**）と与えられる（**図 A.4**）。これと同じように，一定点からの距離に比例する復元力を受けて一直線上を運動する粒子（**調和振動子**と呼ぶ）を考える。古典力学では粒子は振動数 $\nu_0 = (1/2\pi)\sqrt{k/m}$ の振動運動を行う（$m$ は粒子の質量）。また，この振動子のエネルギーは $E=(1/2)kA^2$ で与えられ，

**図A.3** 単振動　　　　**図A.4** 調和ポテンシャル

時間によらず一定である。$A$ は振幅であるが，0 も含めて正の自由な値をとることができるのでエネルギーは任意の値をとることができる。また，単振動では，$x=0$ で運動の速度が最も速く，そこから離れるに従って遅くなるので，粒子の存在確率は $x=0$ で最も小さくそこから離れるに従って大きくなることになる。量子力学では1次元のシュレディンガー方程式の位置エネルギーに $V=(1/2)kx^2$ を入れて解くと解析解が得られる。波動関数はやや複雑なのでここには示さないが，エネルギーとしては

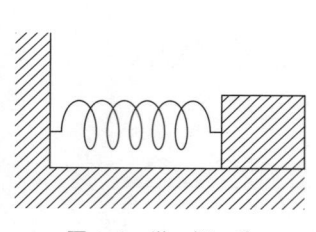

$$E = h\nu_0\left(n + \frac{1}{2}\right) \qquad (n=0, 1, 2, \cdots) \tag{A.15}$$

が得られる。式(A.15)からわかるように，箱の中の粒子の場合同様，エネルギーはとびとびの値のみが許され，古典的振動数 $\nu_0$ に伴うエネルギー $h\nu_0$ の $1/2, 3/2, 5/2, \cdots$ 倍となる。$n=0$ の最低エネルギー状態でも振動子は $x=0$ に静止することなく，$(1/2)h\nu_0$ のエネルギー（**零点エネルギー**（zero-point energy）と呼ばれる）をもち振動運動をしている。波動関数の2乗，すなわち確率密度を**図A.5**に示す。図より，まず，粒子のもつ全エネルギーより，位置エネルギーのほうが大きいところでも存在確率がゼロにならないことがわかる。つまり，粒子が位置エネルギーの壁の外に"しみ出している"。また，$n=0$ の基底状態で典型的に現れているが，この場合，$x=0$ で存在確率が最も高くなっており，古典力学的な運動とは様相がだいぶ異なっていることがわかる。

## A.5 シュレディンガーの波動方程式（シュレディンガー方程式） 141

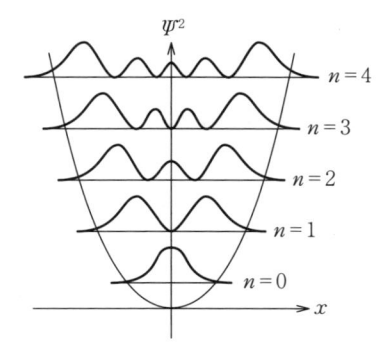

**図 A.5** 調和振動子のエネルギーと確率密度分布

# 付録 B　ボーアの原子模型

1911 年，ラザフォード（Rutherford）は，原子が重くて小さい核とそのまわりを回る電子からできていることを実験的に示した（ラザフォードの原子模型）。このときの電子の運動を古典力学で考えると，電子は運動によって電磁波を放射してエネルギーを失い，ついには核に取り込まれてしまうことになる。また，そのときの電子のエネルギーは連続的に変化するから，放射する光は連続スペクトルを与えるはずである。ところが，実際の原子スペクトルはその原子に固有な波長をもつ線スペクトルであり，普通の状態では原子は光を出すことはない。

1913 年，ボーア（Bohr）は，この問題を水素および水素類似原子（$He^+$, $Li^{2+}$ などの電子を 1 個だけもつイオン）に関して，角運動量の量子条件と定常状態という仮定を導入して説明した。いま，水素類似原子について図 B.1 のように，電子（質量 $m$）が原子核（原子番号 $Z$）のまわりを円運動（半径 $r_n$, 速度 $v$）しているとすると，電子にかかる遠心力 $mv^2/r_n$ は原子核と電子の間のクーロン（Coulomb）静電引力と釣り合うから

$$\frac{mv^2}{r_n} = \frac{Ze^2}{4\pi\varepsilon_0 r_n^2} \tag{B.1}$$

が成り立つ。古典力学ではこの条件を満足する軌道は無数に存在するが，ボーアはそのうち量子条件を満たす軌道だけが安定かつ定常的に存在すると考え

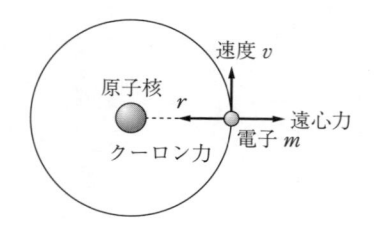

図 B.1　ボーアの水素（類似）原子模型

た。その量子条件とは"円運動している電子の角運動量 $r_n mv$ は $h/(2\pi)$ の整数倍に限られる",ということである。

$$r_n mv = n\frac{h}{2\pi} = n\hbar \tag{B.2}$$

角運動量は不連続な値をとることになり,これを角運動量の**量子化**(quantization) という。式(B.1),(B.2)から安定軌道半径を求めると

$$r_n = \frac{(4\pi\varepsilon_0)n^2 h^2}{4\pi^2 mZe^2} \quad (n = 1, 2, 3, \cdots) \tag{B.3}$$

となる。$n=1$, $Z=1$ のときの半径 $r_1$ を**ボーア半径**と呼び,$a_0$ で表す。

$$a_0 = \frac{4\pi\varepsilon_0 h^2}{4\pi^2 me^2} = \frac{\varepsilon_0 h^2}{\pi me^2} \tag{B.4}$$

であり,その値は $a_0 = 0.0529$ nm となる。電子のエネルギー $E_n$ は運動エネルギーと静電ポテンシャルエネルギーの和であるから

$$E_n = \frac{1}{2}mv^2 - \frac{Ze^2}{4\pi\varepsilon_0 r_n} \tag{B.5}$$

したがって,式(B.1)より

$$E_n = \frac{1}{4\pi\varepsilon_0}\left(\frac{Ze^2}{2r_n} - \frac{Ze^2}{r_n}\right) = -\frac{Ze^2}{2(4\pi\varepsilon_0)r_n}$$

この式に式(B.3)の $r_n$ を代入すると

$$E_n = -\frac{2\pi^2 mZ^2 e^4}{(4\pi\varepsilon_0)^2 h^2}\frac{1}{n^2} \quad (n = 1, 2, 3, \cdots) \tag{B.6}$$

が得られる。このように角運動量の量子化によって,電子の許される軌道半径とエネルギーはとびとびの値をもつことになる。$n=1$ の状態を**基底状態**(ground state),それ以外の状態を**励起状態**(excited state) という。原子スペクトルはこの電子の一つの軌道から他の軌道への遷移を観測していることになり,これで線スペクトルが理解できる。すなわち,例えば,$n_2$ の軌道から $n_1$ の軌道 ($n_2 > n_1$) へ遷移が起こると

$$E_{n_2} - E_{n_1} = h\nu \tag{B.7}$$

を満足する振動数 $\nu$ の光が放出され，また，その逆の遷移では光の吸収が起こる。式(B.6), (B.7)から

$$h\nu = \frac{2\pi^2 mZ^2 e^4}{(4\pi\varepsilon_0)^2 h^2}\left(\frac{1}{n_1^2} - \frac{1}{n_2^2}\right) \tag{B.8}$$

となる。一方，光の速度 $c$ は波長 $\lambda$ と振動数 $\nu$ の積 $c=\nu\lambda$ で表されるので，式(B.8)から遷移の波数 $\tilde{\nu}\,(\tilde{\nu}\lambda=1)$ は

$$\tilde{\nu} = \frac{1}{\lambda} = \frac{2\pi^2 mZ^2 e^4}{(4\pi\varepsilon_0)^2 h^3 c}\left(\frac{1}{n_1^2} - \frac{1}{n_2^2}\right) \tag{B.9}$$

で与えられる。これを2章の式(2.1)と比較して $Z=1$ とおくと，リュードベリ定数は

$$R_\infty = \frac{2\pi^2 me^4}{(4\pi\varepsilon_0)^2 h^3 c} = 1.097\,373\,2\times 10^7\ [\mathrm{m^{-1}}] \tag{B.10}$$

と求められ，理論値と実測値はきわめてよく一致する。

このようにボーアの理論は水素原子スペクトルを見事に説明したが，根本的には電子の運動についての古典的な模型であり，その後ド・ブロイ，ハイゼンベルグ，シュレディンガーらの量子力学に取って代わられることになった。

# 付録 C   $I = \int_0^\infty x^n \mathrm{e}^{-ax^2} \mathrm{d}x$ の値

はじめに，$J = \int_{-\infty}^{\infty} \mathrm{e}^{-ax^2} \mathrm{d}x$ の値を求める．しかし，$J$ を直接計算することはできないので，$J^2$ を計算する．

$$J^2 = \int_{-\infty}^{\infty} \mathrm{e}^{-ax^2} \mathrm{d}x \int_{-\infty}^{\infty} \mathrm{e}^{-ay^2} \mathrm{d}y \tag{C.1}$$

極座標を用いて，$x = r\cos\theta$，$y = r\sin\theta$ とおくと，$\mathrm{d}x\mathrm{d}y = r\mathrm{d}r\mathrm{d}\theta$ なので

$$J^2 = \int_{-\infty}^{\infty} \mathrm{e}^{-ax^2} \mathrm{d}x \int_{-\infty}^{\infty} \mathrm{e}^{-ay^2} \mathrm{d}y = \int_{-\infty}^{\infty}\int_{-\infty}^{\infty} \mathrm{e}^{-a(x^2+y^2)} \mathrm{d}x\mathrm{d}y$$

$$= \int_0^{2\pi} \mathrm{d}\theta \int_0^{\infty} r\mathrm{e}^{-ar^2} \mathrm{d}r = 2\pi \left[-\frac{1}{2a}\mathrm{e}^{-ar^2}\right]_0^{\infty} = \frac{\pi}{a}$$

したがって，$J = \sqrt{\pi/a}$ であり

$$I(0) = \int_0^{\infty} \mathrm{e}^{-ax^2} \mathrm{d}x = \frac{1}{2}\sqrt{\frac{\pi}{a}} \tag{C.2}$$

となる．

$n$ が偶数の場合

$$I(2) = \int_0^{\infty} x^2 \mathrm{e}^{-ax^2} \mathrm{d}x = \int_0^{\infty} x \cdot x\mathrm{e}^{-ax^2} \mathrm{d}x$$

$$= \left[x\frac{1}{-2a}\mathrm{e}^{-ax^2}\right]_0^{\infty} - \int_0^{\infty} \frac{1}{-2a}\mathrm{e}^{-ax^2} \mathrm{d}x = \frac{1}{2a}I(0) = \frac{1}{4a}\sqrt{\frac{\pi}{a}}$$

$$I(4) = \int_0^{\infty} x^4 \mathrm{e}^{-ax^2} \mathrm{d}x = \int_0^{\infty} x^3 \cdot x\mathrm{e}^{-ax^2} \mathrm{d}x$$

$$= \left[x^3\frac{1}{-2a}\mathrm{e}^{-ax^2}\right]_0^{\infty} - \int_0^{\infty} \frac{3x^2}{-2a}\mathrm{e}^{-ax^2} \mathrm{d}x = \frac{3}{2a}I(2) = \frac{3}{8a^2}\sqrt{\frac{\pi}{a}}$$

一般に

$$I(2n) = \int_0^{\infty} x^{2n} \mathrm{e}^{-ax^2} \mathrm{d}x = \frac{(2n-1)(2n-3)\cdots 1}{2^{n+1}} \frac{\pi^{1/2}}{a^{(2n+1)/2}} \tag{C.3}$$

## 付録C　$I = \int_0^\infty x^n e^{-ax^2} dx$ の値

$n$ が奇数の場合

$$I(1) = \int_0^\infty x e^{-ax^2} dx = \left[-\frac{1}{2a} e^{-2ax^2}\right]_0^\infty = \frac{1}{2a}$$

$$I(3) = \int_0^\infty x^3 e^{-ax^2} dx = \int_0^\infty x^2 \cdot x e^{-ax^2} dx$$

$$= \left[x^2 \left(-\frac{1}{2a}\right) e^{-2ax^2}\right]_0^\infty - \int_0^\infty 2x \frac{1}{-2a} e^{-ax^2} dx = \frac{1}{a} I(1) = \frac{1}{2a^2}$$

$$I(5) = \int_0^\infty x^5 e^{-ax^2} dx = \int_0^\infty x^4 \cdot x e^{-ax^2} dx$$

$$= \left[x^4 \left(-\frac{1}{2a}\right) e^{-2ax^2}\right]_0^\infty - \int_0^\infty 4x^3 \frac{1}{-2a} e^{-ax^2} dx = \frac{4}{2a} I(3) = \frac{1}{a^3}$$

一般に

$$I(2n+1) = \int_0^\infty x^{2n+1} e^{-ax^2} dx = \frac{n!}{2a^{n+1}} \tag{C.4}$$

# 参 考 文 献

1) American Chemical Society 編:"Chemistry", Freeman, New York (2005)
2) Atkins, P. W.（千原秀昭・中村亘男 訳）:"物理化学 第6版", 東京化学同人 (2001)
3) 浅野 努, 荒川 剛, 菊川 清:"第4版 化学 物質・エネルギー・環境", 学術図書出版社 (2008)
4) CODATA (Committee on Data for Science and Technology) : http://www.codata.org/index.html
5) Greenwood, N.N. and Earnshaw, A.:"Chemistry of the Elements", Pergamon Press, Oxford (1986)
6) 萩野 博, 飛田博実, 岡崎雅明:"基本無機化学", 東京化学同人 (2000)
7) 原島 鮮:"熱力学・統計力学 改訂版", 培風館 (2000)
8) 平野眞一:"基礎化学", 丸善 (2013)
9) Huheey, J. E.（小玉剛二・中沢 浩 訳）:"無機化学", 東京化学同人 (1984)
10) 飯田 隆・澁川雅美・菅原正雄・鈴鹿 敢・宮入伸一 編:"イラストで見る化学実験の基礎知識", 丸善 (2003)
11) 池田憲昭, 大島 巧, 大野 健, 久司佳彦, 益山新樹:"化学序説 第4版", 学術図書出版社 (2004)
12) 小林憲司, 三五弘之, 中村朝夫, 南澤宏明, 山口達明:"化学の世界への招待", 三共出版 (2004)
13) 日本化学会 編:"第4版 実験化学講座1 基礎操作1", 丸善 (1991)
14) 山内 淳, 馬場正昭:"改訂版 現代化学の基礎", 学術図書出版社 (1993)
15) 山田康洋, 秋津貴城:"基礎無機化学―構造と結合を理論から学ぶ―", 化学同人 (2013)

元素の

|   | 1 | 2 | 3 | 4 | 5 | 6 | 7 | 8 | 9 |
|---|---|---|---|---|---|---|---|---|---|
| 1 | $_1$H<br>水素<br>1.008 | | | | | | | | |
| 2 | $_3$Li<br>リチウム<br>6.941 | $_4$Be<br>ベリリウム<br>9.012 | | | | | | | |
| 3 | $_{11}$Na<br>ナトリウム<br>22.99 | $_{12}$Mg<br>マグネシウム<br>24.31 | | | | | | | |
| 4 | $_{19}$K<br>カリウム<br>39.10 | $_{20}$Ca<br>カルシウム<br>40.08 | $_{21}$Sc<br>スカンジウム<br>44.96 | $_{22}$Ti<br>チタン<br>47.87 | $_{23}$V<br>バナジウム<br>50.94 | $_{24}$Cr<br>クロム<br>52.00 | $_{25}$Mn<br>マンガン<br>54.94 | $_{26}$Fe<br>鉄<br>55.85 | $_{27}$Co<br>コバルト<br>58.93 |
| 5 | $_{37}$Rb<br>ルビジウム<br>85.47 | $_{38}$Sr<br>ストロンチウム<br>87.62 | $_{39}$Y<br>イットリウム<br>88.91 | $_{40}$Zr<br>ジルコニウム<br>91.22 | $_{41}$Nb<br>ニオブ<br>92.91 | $_{42}$Mo<br>モリブデン<br>95.96 | $_{43}$Tc<br>テクネチウム<br>(99) | $_{44}$Ru<br>ルテニウム<br>101.1 | $_{45}$Rh<br>ロジウム<br>102.9 |
| 6 | $_{55}$Cs<br>セシウム<br>132.9 | $_{56}$Ba<br>バリウム<br>137.3 | 57～71<br>ランタノイド | $_{72}$Hf<br>ハフニウム<br>178.5 | $_{73}$Ta<br>タンタル<br>180.9 | $_{74}$W<br>タングステン<br>183.8 | $_{75}$Re<br>レニウム<br>186.2 | $_{76}$Os<br>オスミウム<br>190.2 | $_{77}$Ir<br>イリジウム<br>192.2 |
| 7 | $_{87}$Fr<br>フランシウム<br>(223) | $_{88}$Ra<br>ラジウム<br>(226) | 89～103<br>アクチノイド | $_{104}$Rf<br>ラザホージウム<br>(267) | $_{105}$Db<br>ドブニウム<br>(268) | $_{106}$Sg<br>シーボーギウム<br>(271) | $_{107}$Bh<br>ボーリウム<br>(272) | $_{108}$Hs<br>ハッシウム<br>(277) | $_{109}$Mt<br>マイトネリウム<br>(276) |

原子番号 → $_6$C ← 元素記号<br>炭素 ← 元素名<br>12.01 ← 原子量

（ ）の数値は，既知の同位体の質量数の例

| | | | | | | |
|---|---|---|---|---|---|---|
| ランタノイド | $_{57}$La<br>ランタン<br>138.9 | $_{58}$Ce<br>セリウム<br>140.1 | $_{59}$Pr<br>プラセオジム<br>140.9 | $_{60}$Nd<br>ネオジム<br>144.2 | $_{61}$Pm<br>プロメチウム<br>(145) | $_{62}$Sm<br>サマリウム<br>150.4 |
| アクチノイド | $_{89}$Ac<br>アクチニウム<br>(227) | $_{90}$Th<br>トリウム<br>232.0 | $_{91}$Pa<br>プロトアクチニウム<br>231.0 | $_{92}$U<br>ウラン<br>238.0 | $_{93}$Np<br>ネプツニウム<br>(273) | $_{94}$Pu<br>プルトニウム<br>(239) |

# 周期表

☐ は典型元素
▨ は遷移元素

| 10 | 11 | 12 | 13 | 14 | 15 | 16 | 17 | 18 |
|---|---|---|---|---|---|---|---|---|
| | | | | | | | | $_2$He ヘリウム 4.003 |
| | | | $_5$B ホウ素 10.81 | $_6$C 炭素 12.01 | $_7$N 窒素 14.01 | $_8$O 酸素 16.00 | $_9$F フッ素 19.00 | $_{10}$Ne ネオン 20.18 |
| | | | $_{13}$Al アルミニウム 26.98 | $_{14}$Si ケイ素 28.09 | $_{15}$P リン 30.97 | $_{16}$S 硫黄 32.07 | $_{17}$Cl 塩素 35.45 | $_{18}$Ar アルゴン 39.95 |
| $_{28}$Ni ニッケル 58.69 | $_{29}$Cu 銅 63.55 | $_{30}$Zn 亜鉛 65.38 | $_{31}$Ga ガリウム 69.72 | $_{32}$Ge ゲルマニウム 72.64 | $_{33}$As ヒ素 74.92 | $_{34}$Se セレン 78.96 | $_{35}$Br 臭素 79.90 | $_{36}$Kr クリプトン 83.80 |
| $_{46}$Pd パラジウム 106.4 | $_{47}$Ag 銀 107.9 | $_{48}$Cd カドミウム 112.4 | $_{49}$In インジウム 114.8 | $_{50}$Sn スズ 118.7 | $_{51}$Sb アンチモン 121.8 | $_{52}$Te テルル 127.6 | $_{53}$I ヨウ素 126.9 | $_{54}$Xe キセノン 131.3 |
| $_{78}$Pt 白金 195.1 | $_{79}$Au 金 197.0 | $_{80}$Hg 水銀 200.6 | $_{81}$Tl タリウム 204.4 | $_{82}$Pb 鉛 207.2 | $_{83}$Bi ビスマス 209.0 | $_{84}$Po ポロニウム (210) | $_{85}$At アスタチン (210) | $_{86}$Rn ラドン (222) |
| $_{110}$Ds ダームスタチウム (281) | $_{111}$Rg レントゲニウム (280) | $_{112}$Cn コペルニシウム (285) | | $_{114}$Fl フレロビウム (289) | | $_{116}$Lv リバモリウム (293) | | |
| $_{63}$Eu ユウロピウム 152.0 | $_{64}$Gd ガドリニウム 157.3 | $_{65}$Tb テルビウム 158.9 | $_{66}$Dy ジスプロシウム 162.5 | $_{67}$Ho ホルミウム 164.9 | $_{68}$Er エルビウム 167.3 | $_{69}$Tm ツリウム 168.9 | $_{70}$Yb イッテルビウム 173.1 | $_{71}$Lu ルテチウム 175.0 |
| $_{95}$Am アメリシウム (243) | $_{96}$Cm キュリウム (247) | $_{97}$Bk バークリウム (247) | $_{98}$Cf カリホルニウム (252) | $_{99}$Es アインスタイニウム (252) | $_{100}$Fm フェルミウム (257) | $_{101}$Md メンデレビウム (258) | $_{102}$No ノーベリウム (259) | $_{103}$Lr ローレンシウム (262) |

# 演習問題解答

## 1章
- 【1】 (1) $3.4\times10^3$　(2) $6.2\times10^4$　(3) $1.2\times10^{-1}$
- 【2】 (1) $3.16\times10^5$　(2) $8.0\times10^{-19}$　(3) $2.1\times10^{-7}$
- 【3】 (1) $1\,\text{J}=1\,\text{N}\cdot\text{m/s}$　(2) $1\,\text{V}=1\,\text{m}^2\cdot\text{kg}/(\text{s}^2\cdot\text{A})$
- 【4】 $12\,\text{mol/dm}^3$
- 【5】 (1) 3.49　(2) 0.005 625　(3) 0.075
  (4) $3.49\pm0.12$（式(1.5)より $s_m=0.037\,5$，表1.7より $t=3.18$）

## 2章
- 【1】 (1) 4p　$m_l=0, 1, -1$　(2) 5f　$m_l=0, 1, 2, 3, -1, -2, -3$
  (3) 6s　$m_l=0$
- 【2】 (1) Li　(2) F　(3) Mg　(4) Ar
- 【3】 (A1)=31, (A2)=3, (A3)=3, (A4)=33, (B1)=23, (B2)=[Ar]3d$^3$, (B3)=3, (B4)=41, (C1)=52, (C2)=76, (C3)=5, (C4)=[Kr]4d$^{10}$5s$^2$5p$^4$, (D1)=Kr, (D2)=84, (D3)=4, (D4)=54
- 【4】 (1) $1s^22s^22p^6$　(2) $1s^22s^22p^63s^23p^64s^2=[Ar]4s^2$
  (3) $[Ar]3d^24s^2$　(4) $[Ar]3d^2$　(5) $[Ar]3d^84s^2$
  (6) $[Ar]3d^8$
- 【5】 （本文参照）
- 【6】 （本文参照）
- 【7】 (1) 4周期，2族　(2) 5周期，3族　(3) 3周期，18族
  (4) 6周期，4族　(5) 5周期，13族
- 【8】 （省略）
- 【9】 0.325

## 3章
- 【1】 原子核の周囲を周回運動している電子の軌道半径（ボーア半径）を原子半径と考えることができる。

【2】（本文参照）
【3】（本文参照）
【4】（本文参照）
【5】A（主量子数が2の電子が放出されるから。他はすべて $n=3$）
【6】（表3.2参照）　第一イオン化エネルギーとは $Z$ が1ずれた周期性が期待される。すなわち，例えば第2周期では B → C，O → F で逆の傾向が期待される。
【7】(a)　(反応(a)では，$IE_{Na} - EA_F = 496 - 328 = 168$ kJ/mol，反応(b)では，$IE_F - EA_{Na} = 1\,681 - 53 = 1\,628$ kJ/mol．反応(b)は常温程度ではまったく起こらない)
【8】2.2 ($\Delta = 563 - \sqrt{(436 \times 153)} = 305$ kJ/mol，$\chi_F - \chi_H = \sqrt{305/96.5} = 1.78$)

## 4章

【1】（本文参照）
【2】(1)　$x$ 軸　　(2)　5　　(3)　$He_2$，$Be_2$，$Ne_2$　　(4)　$B_2$，$O_2$
　　(5)　$C_2$，$O_2$　　(6)　$\sigma_{1s}^2 \sigma_{1s}^{*2} \sigma_{2s}^2 \sigma_{2s}^{*2} \pi_{2p}^4 \sigma_{2p}^2$
　　(7)　$\sigma$ 結合1，$\pi$ 結合2　　(8)　O原子　　(9)　$O_2$　　(10)　$NO^+$
【3】（本文参照）　結合性分子軌道に1個の電子しか収容されていないため，水素分子（$H_2$）よりも安定性に乏しくなり，結合も弱くなる。
【4】（本文参照）
【5】（本文参照）
【6】$3\,885$ kJ/mol　($146 + 737 + 1\,450 + 247 - 141 + 844 - U_0 = -602$)
【7】$-839$ kJ/mol　($157 + 503 + 965 + 247 - 141 - EA_2(O) - 3\,130 = -560$)
【8】$1.854$ μm より短い波長の光　($64.5 \times 10^3$ J/mol$/(6.022 \times 10^{23}$ mol$^{-1}) = 1.071 \times 10^{-19}$ J。$E = hc/\lambda$ より，$\lambda = 6.626 \times 10^{-34}$ J·s $\times 2.997 \times 10^8$ m/s$/(1.071 \times 10^{-19}$ J$) = 1.854 \times 10^{-6}$ m)

## 5章

【1】（考え方）　水のO-H結合は，$H^{\delta+}$—$O^{\delta-}$ と帯電（分極）しているので，$Li^+$ と $O^{\delta-}$ が相互作用し（$Li^+$ のまわりに4個の水分子），$Cl^-$ と $H^{\delta+}$ とが相互作用する（$Cl^-$ のまわりに6個の水分子）。
【2】$CH_4 < CH_3Cl < CH_2Cl_2 < CHCl_3 < CCl_4$
【3】（考え方）　貴ガス原子間に働く力は分散力のみである。そのエネルギーはイオン化エネルギーと分極率の2乗に比例する。原子量が増加するほどイオン化エネルギーは小さくなり，分極率は大きくなるが，後者の寄与がより大きい。
【4】アルコール分子間には水素結合が存在し，これを切断するのに，より多くの

熱エネルギーが必要となり，沸点が高くなる。

【5】 解図 5.1 参照。

$$H_3C-C\underset{O-H\cdots\cdots O}{\overset{O\cdots\cdots H-O}{\rightleftarrows}}C-CH_3 \quad 解図5.1$$

## 6 章

【1】 （考え方） B の電子配置は $1s^2 2s^2 2p^1$ であるが，$BCl_3$ は平面分子なので，B の 2s と二つの 2p が混成し，三つの等価な $sp^2$ 混成軌道を形成すると考える。

【2】 （考え方） $CO_2$ は直線分子なので C は sp 混成していると考える。すなわち $2s^2 2p_x^1 2p_y^1 2p_z^0 \rightarrow (sp)^1(sp)^1 2p_x^1 2p_y^1$。C の sp と O の 2p で σ 結合，C の 2p と O の 2p で π 結合が形成され，CO 結合は 2 重結合となる。

【3】 (1) C の $sp^3$ 混成軌道と Cl の 3p 軌道間の σ 結合。

(2) Se の $sp^3$ 混成軌道と H の 1s 軌道間の σ 結合（H-Se-H の結合角が 91° と 90° に近いので，Se の 4p 軌道がそのまま結合に使われていると考えたほうが，真実に近い）。

(3) C の $sp^2$ 混成軌道どうしの二つの σ 結合と，C の $sp^2$ 混成軌道と H の 1s 軌道間の σ 結合と，C の 2p 軌道どうしの π 結合。

【4】 アンモニウムイオンの σ 結合はすべて等価であり，アンモニウムイオンの窒素原子は $sp^3$ 混成軌道である。一方，アンモニアの窒素原子には共有電子対と非共有電子対の両方が存在しており，電子の状態が完全に等価とはいえないが，近似的に $sp^3$ 混成軌道とみなすことができる。

【5】 (1) 四面体型　(2) 平面四角形型　(3) 折れ線型

【6】 $NH_3 > PH_3 > AsH_3 > SbH_3$

## 7 章

【1】 (1) 1　(2) $-56.6°C$, $5.17 \times 10^5$ Pa

(3) 否（1 atm では，固相と気相が直接接している。）

(4) 上昇する。（融解曲線の傾きが正）　(5) （本文参照）

【2】 $2.4 \times 10^{19}$ 個

【3】 （本文参照）

【4】 18%（$\sqrt{300/450} = 0.82$）

【5】 3/8

# 索 引

## 【あ】

| | |
|---|---|
| アキシアル位置 | 112 |
| アクセプター半導体 | 85 |
| アクセプターレベル | 85 |
| アクチノイド | 39 |
| 圧縮因子 | 127 |
| アボガドロ定数 | 61 |
| アボガドロの法則 | 120 |
| アルカリ金属 | 38 |
| アルカリ土類金属 | 38 |

## 【い】

| | |
|---|---|
| イオン化エネルギー | 44 |
| イオン結合 | 53 |
| イオン結晶 | 55 |
| イオン格子 | 55 |
| イオン半径 | 42 |
| 異核間結合 | 77 |
| 位相 | 23 |
| 井戸型ポテンシャル | 138 |
| 陰イオン | 42 |

## 【え】

| | |
|---|---|
| エカトリアル位置 | 112 |
| 液化 | 119 |
| 液相 | 116 |
| エネルギーギャップ | 84 |
| エネルギー準位 | 30 |

## 【お】

| | |
|---|---|
| オド・ハーキンス則 | 6 |

## 【か】

| | |
|---|---|
| 化学結合 | 52 |
| 核間距離 | 54 |
| 核種 | 4 |
| 角波動関数 | 23 |
| 核融合反応 | 5 |
| 化合物 | 2 |
| 価数 | 42 |
| 偏り | 15 |
| 価電子 | 37 |
| 価電子帯 | 83 |
| 換算圧力 | 132 |
| 換算温度 | 132 |
| 換算状態方程式 | 132 |
| 換算体積 | 132 |
| 完全気体 | 120 |

## 【き】

| | |
|---|---|
| 希ガス | 38 |
| 貴ガス | 38 |
| キーサム力 | 94 |
| 築き上げ原理 | 30 |
| 気相 | 116 |
| 基礎物理定数 | 11 |
| 気体定数 | 120 |
| 気体分子運動論 | 121 |
| 基底状態 | 28, 143 |
| 軌道 | 22 |
| 軌道関数 | 22 |
| 希土類元素 | 39 |
| ギブズの相律 | 118 |
| 基本単位 | 6 |
| 凝固 | 117 |

## 【か】(続き)

| | |
|---|---|
| 凝縮 | 117 |
| 凝縮相 | 117 |
| 共鳴エネルギー | 49 |
| 共有結合 | 52, 63 |
| 共有結合半径 | 40 |
| 共有電子対 | 65 |
| 極性 | 77 |
| 極性結合 | 93 |
| 極性分子 | 77 |
| 均一系 | 116 |
| 禁制帯 | 84 |
| 金属結合 | 52, 79 |
| 金属結合半径 | 40 |

## 【く】

| | |
|---|---|
| 偶然誤差 | 15 |
| 組立単位 | 6 |

## 【け】

| | |
|---|---|
| 系 | 116 |
| 系統誤差 | 15 |
| 結合エネルギー | 54 |
| 結合距離 | 54 |
| 結合次数 | 75 |
| 結合性分子軌道 | 68 |
| 結合電子対 | 65 |
| 結晶 | 55 |
| 結晶格子 | 55 |
| 結晶格子エネルギー | 60 |
| 限界半径比 | 57 |
| 原子 | 2 |
| 原子価 | 67 |
| 原子価殻 | 109 |

| | | |
|---|---|---|
| 原子価殻電子対反発モデル | 109 | |
| 原子核 | 3 | |
| 原子価結合理論 | 63 | |
| 原子軌道 | 22 | |
| ――の線形結合 | 68 | |
| 原子軌道関数 | 22 | |
| 原子説 | 1 | |
| 原子半径 | 40 | |
| 原子番号 | 3 | |
| 原子量 | 36 | |
| 元　素 | 2 | |
| 元素記号 | 3 | |

【こ】

| | |
|---|---|
| 光　子 | 135 |
| 格子エネルギー | 60 |
| 構成原理 | 30 |
| 光電効果 | 135 |
| 光量子 | 135 |
| 国際単位系 | 6 |
| 誤　差 | 14 |
| 固　相 | 116 |
| 古典論 | 19 |
| 孤立電子対 | 86, 110 |
| 混合物 | 2 |
| 混　成 | 104 |
| 混成軌道 | 104 |
| 根平均二乗速さ | 126 |

【さ】

| | |
|---|---|
| 最外殻 | 37 |
| 最密充填 | 80 |
| 錯イオン | 87 |
| 錯　塩 | 87 |
| 錯　体 | 87 |
| 三重結合 | 109 |
| 三重点 | 119 |

【し】

| | |
|---|---|
| 磁気量子数 | 23 |
| 質量数 | 4 |

| | |
|---|---|
| 質量/体積パーセント濃度 | 11 |
| 質量パーセント濃度 | 10 |
| 質量不変の法則 | 1 |
| 質量モル濃度 | 10 |
| 自　転 | 29 |
| 遮蔽効果 | 42 |
| シャルルの法則 | 119 |
| 周　期 | 37 |
| 周期表 | 3, 19, 36 |
| 自由電子 | 80 |
| 自由度 | 118 |
| 充満帯 | 84 |
| 縮　重 | 28 |
| 縮　退 | 28 |
| 主遷移元素 | 38 |
| 主量子数 | 22 |
| シュレディンガー方程式 | 21, 134 |
| 純物質 | 2 |
| 昇　華 | 117 |
| 昇華曲線 | 118 |
| 蒸気圧曲線 | 118 |
| 常磁性 | 30, 67 |
| 状態図 | 118 |
| 状態方程式 | 120 |
| 蒸　発 | 117 |
| 真性半導体 | 85 |
| 真　度 | 15 |
| 信頼区間 | 17 |
| 信頼限界 | 17 |

【す】

| | |
|---|---|
| 水素結合 | 99 |
| スピン | 29 |
| スピン磁気量子数 | 29 |
| スピン量子数 | 29 |

【せ】

| | |
|---|---|
| 正確さ | 16 |
| 正規分布曲線 | 16 |
| 正　孔 | 84 |
| 精　度 | 15 |

| | |
|---|---|
| 節 | 23, 139 |
| 絶縁体 | 84 |
| 絶対誤差 | 15 |
| 絶対零度 | 7 |
| 節　面 | 26 |
| 遷移元素 | 38 |

【そ】

| | |
|---|---|
| 相 | 116 |
| 相応状態の法則 | 131 |
| 双極子 | 93 |
| 双極子モーメント | 93 |
| 相　図 | 118 |
| 相対誤差 | 15 |
| 相対標準偏差 | 17 |
| 相平衡図 | 118 |
| 族 | 37 |

【た】

| | |
|---|---|
| 帯 | 83 |
| 体心立方格子 | 56 |
| 体積パーセント濃度 | 11 |
| 多重度 | 75 |
| 単位格子 | 55 |
| 単位胞 | 55 |
| 単結合 | 65 |
| 単結晶 | 55 |
| 単座配位子 | 88 |
| 単純立方格子 | 56 |
| 単　体 | 2 |

【ち】

| | |
|---|---|
| 中性子 | 3 |
| 超ウラン元素 | 39 |
| 超新星爆発 | 5 |
| 超臨界状態 | 119 |
| 超臨界流体 | 131 |
| 調和振動子 | 139 |
| 調和ポテンシャル | 139 |

【つ】

| | |
|---|---|
| 対電子 | 66 |

索引　155

## 【て】

| 定比例の法則 | 1 |
| --- | --- |
| デバイ力 | 96 |
| 電荷移動錯体 | 102 |
| 電荷移動相互作用 | 102 |
| 電気陰性度 | 48 |
| 電気素量 | 3 |
| 典型元素 | 38 |
| 電子 | 3 |
| 電子雲 | 22 |
| 電子殻 | 22 |
| 電子親和力 | 47 |
| 電子配置 | 30 |
| 伝導帯 | 84 |

## 【と】

| 同位体 | 4 |
| --- | --- |
| 動径確率関数 | 24 |
| 動径波動関数 | 23 |
| 動径分布関数 | 24 |
| 同族元素 | 37 |
| 等面積の規則 | 130 |
| ドナー半導体 | 86 |
| ドナーレベル | 86 |
| ドーピング | 85 |
| ド・ブロイの関係式 | 135 |
| ド・ブロイ波 | 135 |

## 【な】

| 内殻 | 55 |
| --- | --- |
| 内部遷移元素 | 38 |

## 【に】

| 二座配位子 | 88 |
| --- | --- |
| 二重結合 | 67, 107 |

## 【の】

| 濃度 | 10 |
| --- | --- |

## 【は】

| 配位結合 | 86 |
| --- | --- |
| 配位子 | 87 |
| 配位数 | 56 |
| 配向力 | 94 |
| 排除体積 | 128 |
| 倍数比例の法則 | 1 |
| パウリの禁制原理 | 30 |
| パウリの排他原理 | 30 |
| 箱の中の粒子 | 138 |
| パッシェン系列 | 21 |
| 波動関数 | 136 |
| 波動方程式 | 134 |
| ハミルトニアン | 137 |
| ハミルトン演算子 | 137 |
| ばらつき | 15 |
| バルマー系列 | 21 |
| 反結合性分子軌道 | 68 |
| 反磁性 | 30, 67 |
| バンド | 83 |
| 半導体 | 85 |
| バンドギャップ | 84 |
| バンド構造 | 83 |
| バンド理論 | 82 |

## 【ひ】

| 非 SI 単位 | 9 |
| --- | --- |
| 光の非連続性 | 134 |
| 非共有電子対 | 86, 110 |
| 非結合性分子軌道 | 71 |
| ビッグバン理論 | 4 |
| 百万分率濃度 | 11 |
| 標準偏差 | 16 |
| 標本 | 14 |
| 標本標準偏差 | 17 |

## 【ふ】

| ファン・デル・ワールス相互作用 | 98 |
| --- | --- |
| ファン・デル・ワールス定数 | 128 |
| ファン・デル・ワールスの状態方程式 | 127 |
| ファン・デル・ワールス半径 | 40 |
| ファン・デル・ワールス方程式 | 128 |
| ファン・デル・ワールス力 | 94, 98 |
| フェルミ準位 | 83 |
| 不確定性原理 | 136 |
| 不均一系 | 116 |
| 副殻 | 33 |
| 不純物半導体 | 85 |
| 不対電子 | 30, 66 |
| フックの法則 | 139 |
| 物質の三態 | 117 |
| 物質波 | 135 |
| 不変系 | 119 |
| 不偏分散 | 16 |
| ブラケット系列 | 21 |
| プランク定数 | 134 |
| 分極 | 93 |
| 分極率 | 95 |
| 分散 | 16 |
| 分散力 | 97 |
| 分子軌道 | 67 |
| 分子軌道理論 | 63 |
| 分子内水素結合 | 101 |
| プント系列 | 21 |
| フントの規則 | 32 |

## 【へ】

| 閉殻 | 33 |
| --- | --- |
| 平均値 | 16 |
| ベルヌーイの式 | 123 |
| 変動係数 | 17 |

## 【ほ】

| ボーア半径 | 143 |
| --- | --- |
| ボイル・シャルルの法則 | 120 |
| ボイルの法則 | 119 |
| 方位量子数 | 22 |
| 母集団 | 14 |
| 母標準偏差 | 14 |
| 母平均 | 14 |
| ボルツマン定数 | 95, 123 |

| | | | | | |
|---|---:|---|---:|---|---:|
| ボルン指数 | 61 | **【ゆ】** | | ランタノイド収縮 | 42 |
| ボルン・ハーバーサイクル | 59 | 融解 | 117 | **【り】** | |
| ボルン・ランデの式 | 60 | 融解曲線 | 118 | 理想気体 | 120 |
| **【ま】** | | 誘起力 | 96 | 立方最密充填 | 80 |
| マクスウェルの規則 | 130 | 有効核電荷 | 42 | リュードベリ定数 | 20 |
| マクスウェル分布 | 125 | 有効数字 | 13 | 量子 | 134 |
| マクスウェル・ボルツマン分布 | 125 | 誘導単位 | 6 | 量子化 | 143 |
| | | **【よ】** | | 量子数 | 21, 138 |
| マーデルング定数 | 60 | 陽イオン | 42 | 量子力学 | 134 |
| **【め】** | | 溶液 | 10 | 臨界圧力 | 119, 130 |
| 面心立方格子 | 56, 81 | 陽子 | 3 | 臨界温度 | 119, 130 |
| **【も】** | | 溶質 | 10 | 臨界体積 | 130 |
| 最も確からしい値 | 16 | 溶媒 | 10 | 臨界点 | 119, 130 |
| モル体積 | 120 | **【ら】** | | **【れ】** | |
| モル濃度 | 10 | ライマン系列 | 21 | 励起状態 | 28, 143 |
| モル百分率 | 10 | ラザフォードの原子模型 | 142 | 零点エネルギー | 140 |
| モル分率 | 10 | ラプラシアン | 137 | **【ろ】** | |
| | | ラプラス演算子 | 137 | 六方最密充填 | 80 |
| | | ランタノイド | 39 | ローブ | 27 |
| | | | | ロンドン力 | 97 |

| | | | | | |
|---|---:|---|---:|---|---:|
| **【C】** | | **【M】** | | sp 混成 | 107 |
| CT 錯体 | 102 | M 殻 | 22 | sp 混成軌道 | 108 |
| **【D】** | | **【N】** | | $sp^2$ 混成 | 106 |
| d ブロック元素 | 38 | N 殻 | 22 | $sp^2$ 混成軌道 | 106 |
| **【F】** | | n 型半導体 | 86 | $sp^3$ 混成 | 105 |
| f ブロック元素 | 38 | **【P】** | | $sp^3$ 混成軌道 | 105 |
| **【K】** | | p 型半導体 | 85 | **【V】** | |
| K 殻 | 22 | p ブロック元素 | 38 | vsepr モデル | 109 |
| **【L】** | | **【S】** | | **【ギリシャ文字】** | |
| L 殻 | 22 | s ブロック元素 | 38 | $\pi$ 軌道 | 72 |
| LCAO | 68 | SI 接頭語 | 8 | $\pi$ 結合 | 67 |
| | | SI 単位系 | 6 | $\sigma$ 軌道 | 72 |
| | | | | $\sigma$ 結合 | 67 |

―― 著者略歴 ――

**大井　隆夫**（おおい　たかお）
- 1974 年　東京工業大学理学部応用物理学科卒業
- 1979 年　東京工業大学大学院博士課程修了
  （原子核工学専攻）
  工学博士
- 1979 年　米国 New York 州立大学 Stony Brook 校
  ～84 年　博士研究員
- 1984 年　上智大学助手
- 1987 年　上智大学講師
- 1991 年　上智大学助教授
- 1996 年　上智大学教授
- 2018 年　上智大学名誉教授

**板谷　清司**（いたたに　きよし）
- 1977 年　上智大学理工学部化学科卒業
- 1979 年　上智大学大学院博士前期課程修了
  （応用化学専攻）
- 1979 年　上智大学助手
- 1991 年　工学博士（上智大学）
- 1995 年　上智大学講師
- 1997 年　上智大学助教授
- 2005 年　上智大学教授
  現在に至る

**竹岡　裕子**（たけおか　ゆうこ）
- 1996 年　上智大学理工学部化学科卒業
- 1998 年　上智大学大学院博士前期課程修了
  （応用化学専攻）
- 2001 年　東京大学大学院博士後期課程修了
  （システム量子工学専攻）
  博士（工学）
- 2001 年　上智大学助手
- 2002 年　科学技術振興機構さきがけ研究員兼務
  ～06 年
- 2006 年　上智大学講師
- 2010 年　上智大学准教授
- 2018 年　上智大学教授
  現在に至る

基 礎 化 学 ―原子・分子の構造と化学結合―
Basic Chemistry ―Atomic and Molecular Structures and Chemical Bonding―
Ⓒ Takao Oi, Kiyoshi Itatani, Yuko Takeoka 2014

2014 年 3 月 10 日　初版第 1 刷発行
2019 年 1 月 15 日　初版第 3 刷発行

★

| 検印省略 | 著　者 | 大　井　隆　夫 |
| | | 板　谷　清　司 |
| | | 竹　岡　裕　子 |
| | 発行者 | 株式会社　コロナ社 |
| | | 代表者　牛来真也 |
| | 印刷所 | 萩原印刷株式会社 |
| | 製本所 | 有限会社　愛千製本所 |

112-0011　東京都文京区千石 4-46-10
発 行 所　株式会社　コ ロ ナ 社
CORONA PUBLISHING CO., LTD.
Tokyo Japan
振替 00140-8-14844・電話(03)3941-3131(代)
ホームページ　http://www.coronasha.co.jp

ISBN 978-4-339-06631-9　C3043　Printed in Japan　　　　　　　　　　（金）

JCOPY　＜出版者著作権管理機構　委託出版物＞
本書の無断複製は著作権法上での例外を除き禁じられています。複製される場合は、そのつど事前に、
出版者著作権管理機構（電話 03-5244-5088, FAX 03-5244-5089, e-mail: info@jcopy.or.jp）の許諾を
得てください。

本書のコピー、スキャン、デジタル化等の無断複製・転載は著作権法上での例外を除き禁じられています。
購入者以外の第三者による本書の電子データ化及び電子書籍化は、いかなる場合も認めていません。
落丁・乱丁はお取替えいたします。

# 技術英語・学術論文書き方関連書籍

## 理工系の技術文書作成ガイド
白井　宏 著
A5／136頁／本体1,700円／並製

## ネイティブスピーカーも納得する技術英語表現
福岡俊道・Matthew Rooks 共著
A5／240頁／本体3,100円／並製

## 科学英語の書き方とプレゼンテーション（増補）
日本機械学会 編／石田幸男 編著
A5／208頁／本体2,300円／並製

## 続 科学英語の書き方とプレゼンテーション
－スライド・スピーチ・メールの実際－
日本機械学会 編／石田幸男 編著
A5／176頁／本体2,200円／並製

## マスターしておきたい　技術英語の基本
－決定版－
Richard Cowell・佘　錦華 共著
A5／220頁／本体2,500円／並製

## いざ国際舞台へ！　理工系英語論文と口頭発表の実際
富山真知子・富山　健 共著
A5／176頁／本体2,200円／並製

## 科学技術英語論文の徹底添削
－ライティングレベルに対応した添削指導－
絹川麻理・塚本真也 共著
A5／200頁／本体2,400円／並製

## 技術レポート作成と発表の基礎技法（改訂版）
野中謙一郎・渡邉力夫・島野健仁郎・京相雅樹・白木尚人 共著
A5／166頁／本体2,000円／並製

## Wordによる論文・技術文書・レポート作成術
－Word 2013/2010/2007 対応－
神谷幸宏 著
A5／138頁／本体1,800円／並製

## 知的な科学・技術文章の書き方
－実験リポート作成から学術論文構築まで－
中島利勝・塚本真也 共著
A5／244頁／本体1,900円／並製
日本工学教育協会賞（著作賞）受賞

## 知的な科学・技術文章の徹底演習
塚本真也 著
工学教育賞（日本工学教育協会）受賞
A5／206頁／本体1,800円／並製

定価は本体価格+税です。
定価は変更されることがありますのでご了承下さい。

図書目録進呈◆

# エコトピア科学シリーズ

■名古屋大学未来材料・システム研究所 編（各巻A5判）

|   |   |   | 頁 | 本体 |
|---|---|---|---|---|
| 1. | エコトピア科学概論 ―持続可能な環境調和型社会実現のために― | 田原 譲他著 | 208 | 2800円 |
| 2. | 環境調和型社会のためのナノ材料科学 | 余語利信他著 | 186 | 2600円 |
| 3. | 環境調和型社会のためのエネルギー科学 | 長崎正雅他著 | 238 | 3500円 |

# シリーズ 21世紀のエネルギー

■日本エネルギー学会編　　　　（各巻A5判）

|   |   |   | 頁 | 本体 |
|---|---|---|---|---|
| 1. | 21世紀が危ない ―環境問題とエネルギー― | 小島紀徳著 | 144 | 1700円 |
| 2. | エネルギーと国の役割 ―地球温暖化時代の税制を考える― | 十市・小川 佐川 共著 | 154 | 1700円 |
| 3. | 風と太陽と海 ―さわやかな自然エネルギー― | 牛山 泉他著 | 158 | 1900円 |
| 4. | 物質文明を超えて ―資源・環境革命の21世紀― | 佐伯康治著 | 168 | 2000円 |
| 5. | Cの科学と技術 ―炭素材料の不思議― | 白石・大谷 京谷・山田 共著 | 148 | 1700円 |
| 6. | ごみゼロ社会は実現できるか | 行本・西 立田 共著 | 142 | 1700円 |
| 7. | 太陽の恵みバイオマス ―$CO_2$を出さないこれからのエネルギー― | 松村幸彦著 | 156 | 1800円 |
| 8. | 石油資源の行方 ―石油資源はあとどれくらいあるのか― | JOGMEC調査部編 | 188 | 2300円 |
| 9. | 原子力の過去・現在・未来 ―原子力の復権はあるか― | 山地憲治著 | 170 | 2000円 |
| 10. | 太陽熱発電・燃料化技術 ―太陽熱から電力・燃料をつくる― | 吉田・児玉 郷右近 共著 | 174 | 2200円 |
| 11. | 「エネルギー学」への招待 ―持続可能な発展に向けて― | 内山洋司編著 | 176 | 2200円 |
| 12. | 21世紀の太陽光発電 ―テラワット・チャレンジ― | 荒川裕則著 | 200 | 2500円 |
| 13. | 森林バイオマスの恵み ―日本の森林の現状と再生― | 松村・吉岡 山崎 共著 | 174 | 2200円 |
| 14. | 大容量キャパシタ ―電気を無駄なくためて賢く使う― | 直井・堀 編著 | 188 | 2500円 |

以下続刊

エネルギーフローアプローチによる省エネ　駒井敬一著

新しいバイオ固形燃料 ―バイオコークス―　井田民男著

定価は本体価格＋税です。
定価は変更されることがありますのでご了承下さい。

図書目録進呈◆

# バイオテクノロジー教科書シリーズ

(各巻A5判)

■編集委員長　太田隆久
■編集委員　相澤益男・田中渥夫・別府輝彦

| 配本順 | | | | 頁 | 本体 |
|---|---|---|---|---|---|
| 1. (16回) | 生命工学概論 | 太田隆久 | 著 | 232 | 3500円 |
| 2. (12回) | 遺伝子工学概論 | 魚住武司 | 著 | 206 | 2800円 |
| 3. (5回) | 細胞工学概論 | 村上浩紀／菅原卓也 | 共著 | 228 | 2900円 |
| 4. (9回) | 植物工学概論 | 森川弘道／入船浩平 | 共著 | 176 | 2400円 |
| 5. (10回) | 分子遺伝学概論 | 高橋秀夫 | 著 | 250 | 3200円 |
| 6. (2回) | 免疫学概論 | 野本亀久雄 | 著 | 284 | 3500円 |
| 7. (1回) | 応用微生物学 | 谷吉樹 | 著 | 216 | 2700円 |
| 8. (8回) | 酵素工学概論 | 田中渥夫／松野隆一 | 共著 | 222 | 3000円 |
| 9. (7回) | 蛋白質工学概論 | 渡辺公綱／小島修一 | 共著 | 228 | 3200円 |
| 10. | 生命情報工学概論 | 相澤益男他 | 著 | | |
| 11. (6回) | バイオテクノロジーのためのコンピュータ入門 | 中村春木／中井謙太 | 共著 | 302 | 3800円 |
| 12. (13回) | 生体機能材料学 — 人工臓器・組織工学・再生医療の基礎 — | 赤池敏宏 | 著 | 186 | 2600円 |
| 13. (11回) | 培養工学 | 吉田敏臣 | 著 | 224 | 3000円 |
| 14. (3回) | バイオセパレーション | 古崎新太郎 | 著 | 184 | 2300円 |
| 15. (4回) | バイオミメティクス概論 | 黒田裕久／西谷孝子 | 共著 | 220 | 3000円 |
| 16. (15回) | 応用酵素学概論 | 喜多恵子 | 著 | 192 | 3000円 |
| 17. (14回) | 天然物化学 | 瀬戸治男 | 著 | 188 | 2800円 |

定価は本体価格+税です。
定価は変更されることがありますのでご了承下さい。

図書目録進呈◆